# 建筑构造
## 学习与设计

王　静　庄少庞　冷天翔　编著

U0383634

# The
# Architectural
# Construction
# Learning & Design

中国建筑工业出版社

**图书在版编目（CIP）数据**

建筑构造：学习与设计 = The Architectural
Construction：Learning & Design / 王静，庄少庞，
冷天翔编著 . -- 北京：中国建筑工业出版社，2024. 9.
ISBN 978-7-112-30161-4

Ⅰ . TU22

中国国家版本馆 CIP 数据核字第 20241WH952 号

责任编辑：何　楠　陆新之
责任校对：王　烨

**建筑构造：**
学习与设计
The Architectural Construction：Learning & Design
王　静　庄少庞　冷天翔　编著
　　　*
中国建筑工业出版社出版、发行（北京海淀三里河路 9 号）
各地新华书店、建筑书店经销
北京雅盈中佳图文设计公司制版
建工社（河北）印刷有限公司印刷
　　　*
开本：889 毫米 ×1194 毫米　1/20　印张：8³/₅　字数：175 千字
2024 年 8 月第一版　2024 年 8 月第一次印刷
定价：**46.00 元**（含增值服务）
ISBN 978-7-112-30161-4
　　　（43531）

# 序

    建筑具有双重性，既是艺术的创作，亦是技术的产物。在建筑众多的技术支撑体系中，建筑构造无疑是极为重要的部分。但其庞杂的知识架构与细部节点，令不少年轻的建筑求学者望之却步。然而一旦掌握它，无疑有助于加深和促进对建筑这门学科的思考。

    我的恩师夏昌世先生，20世纪初，出生于思维严谨理性的工程师家庭，怀以技术报效国家的大志，前往科技发展迅猛的德国学习。十年留学的洗礼，夏先生受到了西方现代建筑思想和现代主义的浓厚熏陶，深刻影响了其后建筑创作中的价值取向与技术路线选择。夏先生汲取了现代主义建筑的灵魂，结合地域气候条件展开建筑构造与细部设计，创立了夏氏遮阳，开岭南现代建筑之先。

    在几十年的建筑创作实践中，我也深入思考了现代建筑的发展，对在建筑设计中体现地域性、文化性与时代性的和谐统一进行了大量探索。所有的建筑都存在于具体的环境之中，深受当地的社会、经济、人文与自然地理气候等因素的影响。建筑师只有从地域中提取特色，并与现代科技相结合，才能通过现代建筑地域化、地区建筑现代化使建筑永远焕发勃然生机。建筑同时还是一个时代的反映，当今科学技术日新月异，新材料、新技术、新结构和新工艺广泛应用，新思想、新理念正在改变人们的空间观念和工作模式，这些使建筑创作也进入一个新的时代。现代建筑创作要适应当今时代的特点和要求，表现当今时代的设计观念、思维方式和科学技术特征，归根结底，是时代精神决定了建筑的主流发展。

    对于年轻的建筑求学者而言，学好建筑技术课程，将为他们未来的建筑道路奠定下坚实的基础。在学习的过程中，教学方法与手段应与时俱进，教学视野既要自觉吸收地域技术的优秀传统，同时也要融汇世界现代建筑技术精华。莘莘学子，也要注重动手实践能力的培养，培养自主学习与解决问题的能力。

    是以序，赠予辛勤耕耘教学的老师们和努力学习探索的同学们！

何镜堂

# 目录

课程介绍                                 001

教学团队                                 002

第一部分　研究论文                  003

**搭接技术与艺术的桥梁**
——建筑构造教学探索有感        004

**适应能力发展，契合地域特点**
——专题化建筑构造设计教学的思考与实践     009

**教学做合一的建筑构造深化学习环境设计探索**     022

# 第二部分　学生作业 033

**任务书：湿热气候商业公共空间天幕设计** 034
THE WINGS 036
"多快好省"湿热气候商业天幕设计 047

**任务书：实验室南立面遮阳设计** 065
浮动山水 067
南向可调节遮阳设计 087
Elevation H 099

**任务书：海边观光小屋设计** 115
海巢 117
泊舟小厝 125
海边小屋 135

**任务书：三年级建筑设计课课程设计的建筑构造深化** 143
绿谷社区 145
城市社彩 153
城市绿芯 活力引擎 161

# 课程介绍

　　华南理工大学建筑学院的教学传统具有重技术、重实践、重地域的特色。

　　"建筑材料与构造"课程自 2012 年开始进行课程改革，在教学理念方面，教学重点由一般性建筑构造知识的系统讲授转向构造设计原理与方法的掌握贯通；在课程设计方面，教学内容包括建筑材料、建筑防水、建筑防热、建筑表皮（幕墙）四个专题，专题化的建筑构造设计教学改革以设计应用为导向，结合地域特点，适应学生设计能力发展的现实与需求；在教学形式方面，研究性学习与共享型教学促进了学生对建筑构造原理的理解，团队协作式的专题化研究学习，重视实操体验；强调交流的共享型教学，加强了对构造设计方法的掌握，使建筑构造设计课成为融合相关课程内容的一个终端，回归设计本质。

# 教学团队

## 王 静
**华南理工大学建筑学院教授／博士生导师、清华大学工学博士、**
**国家一级注册建筑师**

"零碳导向的绿色建筑设计与评估"兴华人才团队负责人，亚热带建筑与城市科学全国重点实验室固定成员，国家公派访问学者，中国建筑学会资深会员，中国绿色建筑与节能专业委员会委员，中国生态城市研究专业委员会委员，广州市人民政府第四、五届决策咨询专家；主持及参与科研课题 30 余项，发表论文 60 余篇，出版、参编著作 8 部，译著 1 部，获得广东省科技进步二等奖和教育部科技进步二等奖；完成工程设计项目 40 余项，获得全国优秀城乡规划设计奖二等奖、全国优秀勘察设计行业奖公共建筑三等奖、教育部优秀工程勘察设计奖建筑工程二等奖、教育部优秀工程勘察设计奖绿色建筑三等奖等。

## 庄少庞
**华南理工大学建筑学院副教授／硕士生导师、华南理工大学工学博士、**
**国家一级注册建筑师、华南理工大学建筑系副主任**

主持及参与 10 项省部级与国家级科研基金项目，发表论文（含合作）25 篇，出版著作 2 部；合作编写教材 2 本，获得国家级高等教育教学成果奖二等奖，广东省高等教育教学成果奖一等奖；完成工程设计项目 20 余项，获得中国园林学会规划设计一等奖、中国建筑学会中国建筑设计奖园林景观专业二等奖、全国优秀工程勘察设计二等奖、广东省优秀工程勘察设计一等奖等。

## 冷天翔
**华南理工大学建筑学院讲师／硕士生导师、华南理工大学工学博士、国家一级**
**注册建筑师**

近年来参与省部级以上科研课题近 10 项；主要参加横向项目 10 多项，包括江门滨江体育中心、河南信阳新县人民医院二期工程、淮安体育中心、广州火车东站天幕广场天幕设计、2010 广州亚运省属游泳跳水馆等；完成专著《复杂性理论视角下的数字建筑设计》1 部，软件著作权 2 部，中英文科研教学论文 10 多篇。

# 第一部分　研究论文

# 搭接技术与艺术的桥梁
## ——建筑构造教学探索有感 ①

王　静　蔡伟明

**摘　要：** 针对建筑构造教学中存在的一些问题，研究尝试了重视构造原理的教学模式，采用优秀的建筑案例引导学生的构造学习，并通过构造实体模型制作强化他们的理解，实现建筑构造与建筑设计教学的横向联系。

**关键词：** 建筑构造；构造原理；模型

建筑构造是建筑学专业的一门重要学科，是建筑设计学习强有力的补充与支撑，其最大特色在于理论联系实践。但在实际教学中，建筑设计专业课与建筑构造基础课常常被划分为两个独立且无联系的课程。很多学生甚至是教师，都认为建筑构造的学习意义是为建筑施工图阶段详图设计做知识储备。因此，建筑构造教学时，教师往往专注于传授知识，大量讲解构造原理和详图绘制，课堂时间讲多练少，并未注重培养学生的创造性思维，也没有重视本课程与设计专业课结合的可能性，而且，由于教学时间有限，容易造成对新知识的忽视。许多学生在听取了大量节点构造与大样的讲授之后，依然难以正确地理解构造设计。不少学生在完成课程学习后错误地认为建筑构造纯属技术类别，与建筑设计专业课没有关联，既枯燥又难学，从而产生消极的厌学态度。

如何在现有的建筑学教学培养计划中，通过对建筑构造课程教学的探索与创新，解决或减少上述的问题，这是一个巨大的挑战。

---

① 本文发表于 2010 年 08 期《华中建筑》。

## 1. 原理与知识并重的开放式教学

当代社会知识大爆炸，各种信息与技术层出不穷。在有限的教学时间里把各种新内容传授给学生，这种想法虽好，可在现实中却难以实现。事实上，如果采用这样一种教学方式，即适当精选构造知识，缩短相应的教学时间，将一部分内容转至构造原理的学习，无疑会增强学生对构造的理解，对于他们未来建筑生涯的职业发展更为有利。

建筑构造原理的学习会为学生打下坚实的专业基础。只有掌握了构造设计的原理和方法，学生才能真正拥有构造理论思路，方可在日后的建筑实践中设计、创新构造方法。教学生学习构造原理，既不能固守课本，亦不可故步自封于课堂。教学不只是讲解建筑构造做法的知识，而是要对建筑构造做法进行详细的分析与比较。如果单纯传授构造知识，即使能使学生牢记最新的构造节点详图，待其步入社会时知识很可能已然过时。因此，应鼓励学生们在课堂上积极发问，同时回家展开自学，达到扩展视野的效果以加深对建筑构造的理解。

## 2. 以优秀的建筑案例引导建筑构造教学

为了改变学生认为建筑构造是一门纯技术性学科的观念，教学中引入对优秀建筑案例的讨论，从而拉近建筑构造与建筑设计间的距离，让学生能充分了解构造技术与建筑设计的紧密联系，明白构造技术里存在的创造性与遵循的美学价值。

这部分采用的是学生自主学习讨论的模式。通常，由课程老师设定一个大致的范围，学生自行讨论分组，并选择本组希望探讨的优秀建筑案例。然后，学生们要根据构造课程学习的内容，对于一些优秀建筑案例中的关键构造展开研究。这需要在课外进行调研，收集大量的翔实资料。在此基础上，学生将通过图纸绘制与软件建模等形式再现构造的组成与安装过程等。最后，各组的工作成果将在课堂上展开讨论与评价，授课老师与全体学生均参与其中。通过这样的教学方式，引导学生进一步理解、吸收并消化建筑构造的课程内容，激发

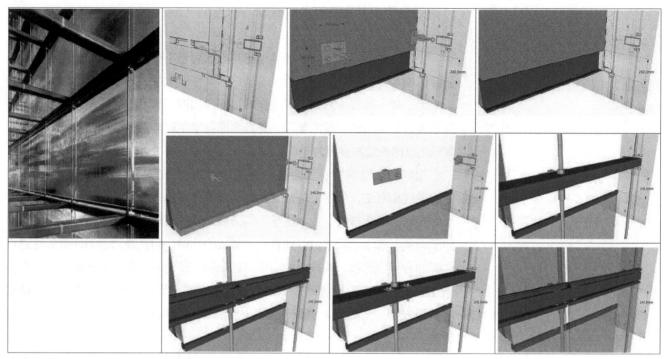

学生利用软件建模演示节点组成部分

学生自我学习的热情，深入探索建筑构造技术的创造性所在，并对现今国内外最新的构造理念和做法作全面浏览。

## 3. 以实体构造模型进一步强化理解

建筑学专业重视动手，实体模型一直是建筑学学生重点训练的表现手段。根据这个传统，建筑构造课程里也设计了制作模型的课外作业。作业具体的要求是在各组的优秀建筑案例构造分析基础上，从一系列细部里选择一个典型构造节点，用大比例模型将其重现。

通过模型制作，无疑可以培养学生对于构造课程的学习兴趣，大幅提升学生的动手能力。在制作过程中，建筑构造的原理和概念潜移默化地植入他们的头脑中，而他们的建筑技术与艺术的修养也得以不断提高。通过对优秀建筑案

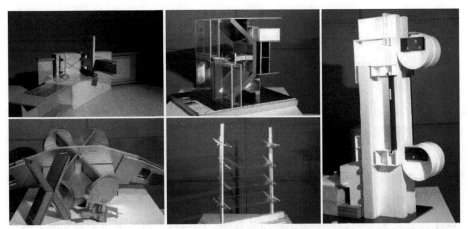

学生根据优秀建筑案例制作的实体模型

例的一系列研究——资料收集、建模绘制、实体模型，学生已经较为深入地学习了建筑构造设计的方法与手段，培养了解决实际问题的能力。

尽管课程提倡用实际材料制作大比例模型，但由于取材与加工存在较大难度，所以学生更多采取的方法是：先用硬卡纸、有机玻璃、泡沫塑料等材料制作成模型，最后阶段喷漆产生逼真的效果。国外有的院校的建筑构造实验室设备先进，有很强的加工能力，可供学生在此直接动手制作各类比例的节点模型。而我院暂时不具备这个条件。客观来说，目前受硬件条件所限没能使用真实材料制作模型是个巨大遗憾，因为这些替代材料的质量、特性都与原有材料完全不一致，学生制作过程中得到的感受自然会存在偏差。

## 4. 加强与建筑设计课程之间的横向联系

建筑构造教学应体现融会贯通的思想，加强课程与其他课程的横向联系，特别是与建筑设计专业课的横向联系，从而提高建筑专业教学的整体效果。现在许多的建筑设计教育者不仅仅关注方案设计的平面、立面、体块、空间形式等问题，对图面表达的效果如何也是非常重视，而涉及建筑构造这些内容则是较为忽略。但是，在我们的建筑设计实践中，如果缺少扎实的建筑构造知识，设计方案往往会流于形式、华而不实，出现很多不能实现的具体细节。虽然建筑设计教学理所应当对学生进行建筑功能组织、空间造型和艺术形象的培养，但如何充分考虑到建筑设计的构造要素，帮助学生学会将设计落到实处，而非脱离构造来进行设计，这对于未来的建筑设计教学也是至关重要的。

本课程为了更为有效地加强建筑构造与建筑设计的联系，尝试通过设定一个实际设计方案来实现目标。构造课程里另一个课外作业就是在校园内寻找一个实际存在的建筑，让学生依照已有的建筑外观进行细部节点设计。设计原则可以自由创作，也更加鼓励通过借鉴之前分析案例所得经验来创作。

这个作业主要希望学生理解建筑构造设计与方案设计之间相互支撑、协调的关系，学会如何对建筑方案进行设计的深入、继续和完善。选择学校的案例，学生设计起来会有强烈的亲切感与成就感，而且利于学生进行考查调研。通过这个设计作业，使学生建立理论联系实践的思维模式，更好地了解节点详图与设计对应的概念。

## 结语

21 世纪是人类进步的新世纪，科学技术飞速向前发展，新材料、新技术的不断涌现将为建筑业未来的发展带来巨大的契机。伴随着外部环境的变革，建筑观念将发生相应的变化。建筑就其本质而言，既是工程技术，也是艺术门类。建筑有着自身的形式语言和技术逻辑，建筑的美也是方方面面的，如形式、空间、材料、表皮、节点……在我们的时代，在科技的强大推动与支撑下，建筑中的技术与艺术正在走向融合。我们讨论的建筑构造教学探索也正是在时代背景下对行业趋势的一种回应。

## 参考文献

[1] 储智勇，王晓川，罗奇，等 . 建筑设计的材料语言 [M]. 北京：中国电力出版社，2006.

[2] 施济光，王飒 . 学习创造：通用构造基础 [M]. 北京：中国建筑工业出版社，2005.

[3] 樊振和 . 从建筑构造课程教学改革实践看学生综合能力的培养 [J]. 华中建筑，2007（4）：137-141.

# 适应能力发展，契合地域特点
## ——专题化建筑构造设计教学的思考与实践 [①]

庄少庞　王　静

**摘　要：** 华南理工大学建筑学院的教学传统具有重技术、重实践、重地域的特色。高年级建筑构造设计教学的重点由一般性建筑构造知识的系统讲授转向构造设计原理与方法的掌握贯通。专题化的建筑构造设计教学改革以设计应用为导向，结合地域特点，适应学生设计能力发展的现实与需求。研究性学习与共享型教学促进了学生对建筑构造原理的理解，加强了对构造设计方法的掌握，使建筑构造设计课成为融合相关课程内容的一个终端，回归设计本质。

**关键词：** 设计能力；教学模式；实验教学；研究性学习；共享型教学

## 1. 华南理工大学建筑学院具有重技术、重实践、重地域的教育传统

华南理工大学建筑学院前身为以广东省立工业专科学校（简称省立工）为基础，创办于 1932 年的勷勤大学（简称勷大）建筑工程学系，是我国最早的建筑系之一。1938 年，勷大建筑系整体并入中山大学工学院，至 1953 年，又转入华南工学院。

由于创办人林克明、胡德元的学缘背景、主观取向，以及省立工专的教学传统，勷大建筑系选择了以工程技术和实践能力培养为主要内容的教学模式。胡德元 1929 年毕业于日本东京高等工业学校建筑科，是日本建筑教育模式的引入者。"日本之大专建筑教育方针，为设计制图、构造演习（应用构造力学以

---

①　本文曾发表于 2015 年 03 期《南方建筑》。

事精密之设计计算）与材料实验三方并重，均为必修课予同格重视，似为他国所未有之特色。"比较勷大建筑系 1932 年的课程表与中央大学建筑系 1933 年的课程表，前者课程体系中对材料构造和结构设计类课程的设置，无论学分总量和权重均超过以学院派教育著称的后者，而相关实验课程开展的深度和难度在国内其他建筑系中更属罕见[①]。抗日战争胜利后，中山大学工学院建筑系聘请了后来对岭南建筑学界产生重大影响的三位教授：陈伯齐、夏昌世、龙庆忠，他们和其他陆续增聘的教师一道建构了此后中山大学建筑系新的教学体系。三位教授的德、日教育背景，使其在设计与教学中均关注建筑设计中的技术因素。夏昌世提倡现代建筑思想，推行现代教育方法，重视设计实践能力和动手能力培养。在建筑创作实践中，夏昌世从遮阳、通风、隔热等建筑基本问题入手，对适应地域气候的建筑构造及其美学表达的探索影响到岭南现代建筑风格、设计思想的形成。陈伯齐重视设计的适用性和科学性，他执教房屋构造，在教学中"十分强调学习建筑必须弄清建筑物的各部分构造"，在建筑技术知识方面严格要求学生，使华南工学院毕业生的工作能力得到普遍赞扬。华南理工大学建筑系延续了重视技术、重视实践的学术传统，其建筑构造教学中一直重视实践应用，教师在授课过程中，并不直接采用统编教材，而自编讲义，重视实际工程构造设计经验的讲授，使得课程在重视基本原理的同时，具有鲜明的地方特点和地域特色。

## 2. 传统建筑构造设计教学方式面临挑战

其一，建筑构造设计一直是建筑学专业教育中技术课的重点，以往的建筑构造教学分为两个阶段，第一阶段以基本构造概念和知识为主，第二阶段则重点讲授大型公共建筑以及特殊建筑构造，总体而言，是按照技术难度和应用范围推进原理与知识讲授的教学思路。从近年教学实践来看，高年级学生设计能

---

① 有关日本与欧美建筑教育的不同，早在 20 世纪 30 年代已为中国留日学生所识。1938 年受聘担任中山大学建筑系教授的东京工业大学建筑系毕业生胡兆辉曾与任宗禹等共同撰写了《日本建筑界之演进》，文中总结日本建筑教育特点时有相关论述。彭长歆，庄少庞. 华南建筑 80 年 [M]. 广州：华南理工大学出版社，2011：7.

力的提高需要与之相适应的构造设计教学形式，传统的构造设计教学定位为专业理论课，以深化知识学习为主线，在教学模式上与建筑设计课有所不同，忽视了高年级学生设计能力的发展和现实需求，存在一定的脱节，影响了教学效果。同时，新材料新技术发展日新月异，新构造做法、形式也越来越多，传统的知识讲授型的建筑构造教学方式难以覆盖建筑构造所涉及的诸多内容，教学重点有必要改"知识接受"为"方法掌握"，由"授人以鱼"改为"授人以渔"。

其二，传统构造教学中一般安排有工地参观环节，加强学生对建筑构造设计的直观认识。一方面，本科生规模的扩大，以及施工管理的规范化，一定程度上使教学参观与工地实践的空间受到挤压，学生缺乏工地实践条件。而另一方面，校内实验教学得到重视，条件日益改善，互联网使资料检索更为便捷，虚拟技术、计算机模拟技术为构造设计学习提供了多种可能。将单向式的、被动式的知识讲授替代为互动式的、主动式的研究性学习成为可能并有必要。

### 3. 建筑构造设计教学需要适应设计能力发展

随着建筑学科领域的重新界定以及国内基本建设的发展，建筑学科人才培养所面临的问题已经有所变化。新型人才除了具备扎实的专业基本素养和技能，需要更宽的知识面和专业视野，以及协同精神、研究意识、创造力和竞争力。华南理工大学的建筑教育在承传技术理性的学术传统基础上，近年来开展了一系列教学改革措施，建构了新的建筑学专业本科教学体系，以适应、"专门化"等教学改革，促进研究型、协同式、重实践的设计训练在本科教育中的开展。

作为建筑设计训练的重要支撑，建筑构造的学习如何配合设计主干课的调整是这个课程教学所面临的核心问题。现有的两段式教学中，建筑构造一对基本构造概念和知识的讲授对于学生基本知识体系的建构无疑是必要的，因此教学调整的重点便落在建筑构造二上。高年级建筑构造设计教学应该强调构造设计原理与方法的融会贯通，需要将知识深化与实践运用结合起来，以适应高年级建筑设计主干课的专门化、研究型设计训练的需要。在教学大纲的整体框架下，建筑构造设计须突出设计能力的提升，一方面是适应高年级具有自主设计能力的学生的实际情况，满足专业教学能力拓展阶段的学习需求，另一方面，建筑构造教学将以设计应用为目标,强调解决特定性能的节点构造问题的设计能力。

## 4. 以地域为切入点有助于优化建筑构造设计教学

当代建筑教育中对可持续建筑设计观念培养日益重视,华南理工大学建筑学院的教学也素以强调亚热带建筑设计为特色。建筑构造设计如何在完成建筑构造基础教学之后,呼应教学体系的整体定位,以强化对适应地域特点的建筑构造设计的学习和研究为切入点,配合设计主干课教学,培养可持续建筑设计观念,是值得深入探索的问题。这涉及两个方面,一是地域传统建筑构造经验的调研学习、分析研究,重点针对岭南传统建筑的营造工艺、材料以及地域性技术,如防热、防风等的调研分析;二是适应地域气候的现代建筑构造的掌握与设计应用,教学中引导学生重点关注湿热地区的建筑外表皮防热设计,如"复合表皮""微构造"等设计技术的学习。

地域性主题的引入,使建筑构造设计教学可以将建筑物理、建筑历史、建筑设计的相关教学内容综合起来,即建筑构造设计的学习,作为融会贯通相关理论课程的一个终端,这一点与建筑设计教学的目标是统一的,有助于学生从工程实践的角度思考同期进行的建筑设计课程作业。学生通过建筑构造设计学习,更为直观深入地体会建筑是技术与艺术的综合体。

## 5. 建筑构造设计教学改革思路和具体实践

### (1)立足"合成"的基本思路,挖掘构造设计教学潜力

建筑构造教学首要问题是以知识传授为导向还是以设计应用为导向。建筑构造一的知识讲授体系,一般以建筑实体为中心,采取的是"解剖"的思路,将建筑实体拆分,逐一介绍建筑各节点、部件的构造要求,使学生熟悉建筑基本构造。进入高年级,通过建筑设计训练过程中指导教师的直接传授,以及建筑物理课中热工、声学、光学等技术原理的课堂讲授,学生完成了知识消化,其建筑构造概念及知识结构逐步完善。在此基础上,教学若以"补漏"为思路

继续讲授复杂性、特殊性建筑构造，对过去迫切希望尽快掌握专业技术，从事工程设计的学生极具现实意义，而对今日毕业取向多元化背景下逐渐以专业兴趣为学习导向的学生来讲，却易导致意料之外的反作用，造成学习惰性。因此，结合上述教学难点，我们认为，建筑构造二更适合于采取"合成"的教学思路，应以设计带动学习，培养学生依据技术原理系统解决构造问题的思维，使其具备良好的问题分析和建构能力，深入理解材料的特性与连接方式，以及由此形成的构造性能、可行的施工方案和相应的形式美感。

按照以设计带动学习，重在培养问题解决思维的教学思路，首先必须改革建筑构造二的考核方式，由卷面考试改为作业考核，学与教均得到解放；其次，这一思路摆脱了教学内容须面面俱到的制约，而以具体设计实践为主，展开较为深入的研究探讨，并借助实操促进理解，克服读图困难，突破学习瓶颈，掌握设计方法。

### （2）专题化教学以点带面，深化构造设计思维培养

建筑构造教学的第二难点是内容涉猎面广，学时相对有限。建筑构造内容较为庞杂，涉及面广，加上新材料、新技术迅速发展，给教学内容的选择提出了挑战。一方面，课时限制使教学不可能面面俱到，另一方面，学生则感觉千头万绪，学习无从下手。因此，专题化案例式的教学方式对构造设计教学颇具现实性，针对典型建筑构造专题，将主动研究型的调研学习与知识、原理讲授相结合的教学组织形式，在应对高年级建筑构造设计现状问题（包括学生能力、教学环境、学习内容、实践条件等）上极具价值，问题的焦点是如何取舍，便于学习。在教学实践中，32 个学时被分成四个专题环节，课堂讲授与讨论交流并重，辅以专家讲座、课外调研，针对特定专题进行深入教学。

近两年，建筑构造设计教学包括了建筑材料、建筑防水、建筑防热、建筑表皮（幕墙）四个专题。其中，建筑材料专题重点关注材料特性和加工工艺，考核作业是材料特性与材料组合研究；建筑防水专题与建筑防热专题侧重于适应南方气候的构造设计，作业是建筑防热设计调查、建筑外遮阳设计；建筑表皮专题侧重于玻璃幕墙与建筑工业化，同时融合材料、防热、防水设计相关内容，作业是工程实例分析研究与改良设计。

**前期调查**

陈家祠梁柱节点爆炸图分析

朝代：清代

建筑级别：民间建筑，主体建筑为五座三进、九堂六院，商人筹建

作善王公祠梁柱节点爆炸图分析

朝代：清代

建筑级别：坐西北向东南，深三进、广五间，现存占地面积 977.68m²，王颐年（商人）自建的生祠

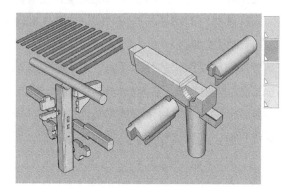

水平构件互交

水平与倾斜构件重叠稳固

垂直构件与水平构件拉结

固定垂直构件

**拓展设计**

下面是 8 种加固方案：

A: 两层圈梁 + 斜撑　　B: 格构化的梁　　C: 加大顶梁的截面尺寸

D: 两层圈梁 + 斜撑　　E: 加大顶梁与柱子的截面尺寸

F: 加大顶梁的截面尺寸 + 圈梁　　G: 加大顶梁的截面尺寸 + 斜撑

H: 加大顶梁的截面尺寸 + 圈梁 + 斜撑

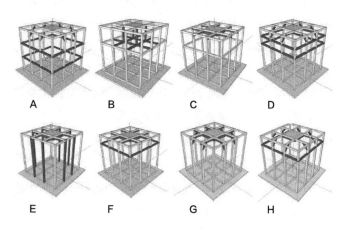

陈家祠与作善王公祠的榫卯构造及受力分析研究（学生作业）

**问题分析**（以广州陈家祠和作善王公祠为例）

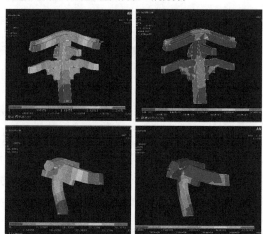

这个是简化过的陈家祠的模型。可见梁的两端形变最大。而应大分布比较均匀，其中三角形构件中有应力分布，分担了一部分应力，也即起到了斜撑的作用（斜撑）。

而作善王公祠檐部里最大的位移同样出现在梁与椽的端部。而应力却集中在梁椽柱相交之处，整体分布并不均匀。集中的应力要求这个地方的构件尺寸须加大，柱子、梁、椽的截面尺寸都需要更大。但是，这些构件沿着轴线方向的截面尺寸几乎没变。也即应力最小的地方和应力最大的地方采用的是相等的截面尺寸。在这种情况下，应力最小的地方必然没有充分运用材料的力学属性。这造成了材料的浪费。

凿　　度

锯　　割

模型细部

**小组工作过程**

**模型组装过程**

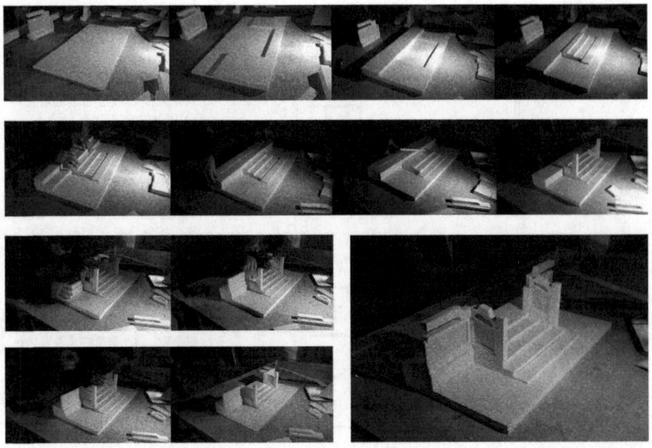

专题一 / 材料与构造
陈家祠中堂台基及月台构造探讨

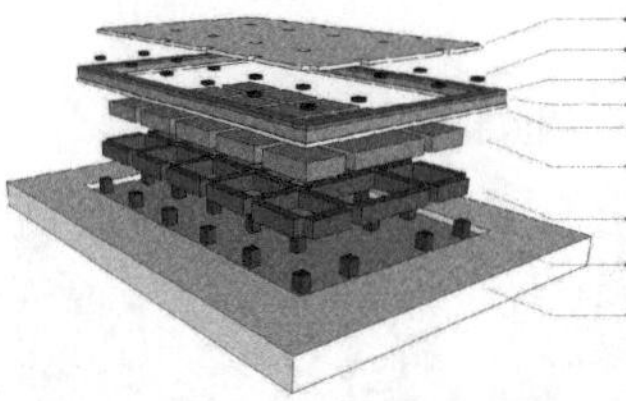

- 铺地
- 柱顶石
- 阶条石
- 陡板
- 土衬
- 填充砂石
- 拦土
- 礅墩
- 地坪

- 台基以上构造
- 铺地
- 填充砂石
- 拦土
- 在拦土之间填上砂石夯土
- 礅墩
- 地坪

**建模－明清官式台明构造分解**

1. 在地坪上设定台明尺寸 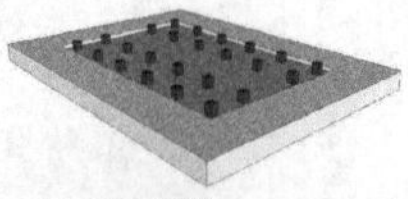
2. 根据开间布礅墩 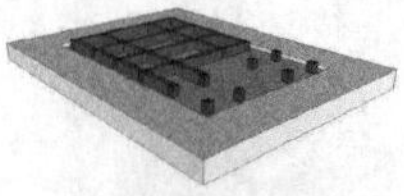
3. 在礅墩之间砌筑墙体，即拦土 
4. 在拦土之间填上砂石夯土
5. 每个礅墩对应砌上柱顶石 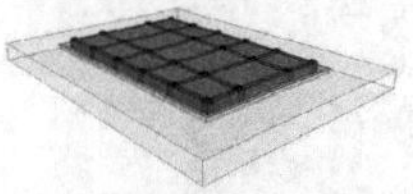
6. 围绕礅墩砌一圈土衬，位于地坪以下 
7. 同样围绕礅墩砌一圈陡板，于土衬之上 
8. 在陡板基础上砌上一圈阶条 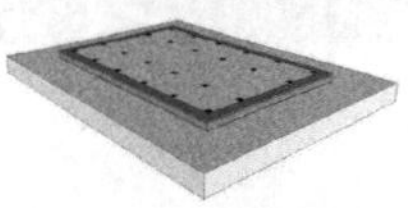
9. 最后铺上铺地，台明基本完成

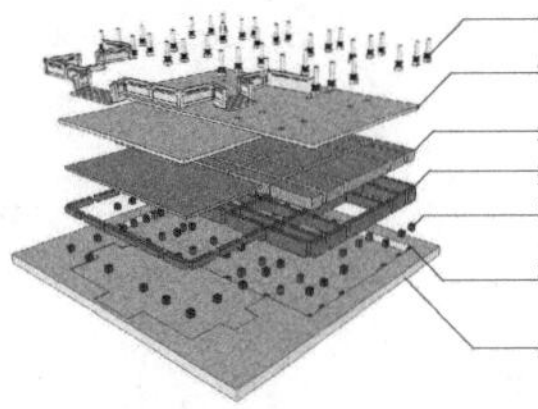

**建模－还原陈家祠台明建造过程**

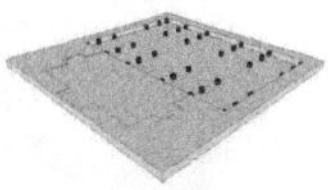

1. 根据开间布礅墩
2. 礅墩之上布置柱顶石 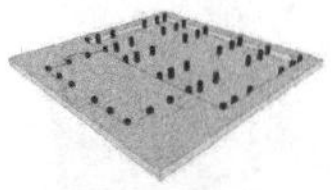
3. 礅墩之间布置拦土 
4. 在拦土之间填上砂石夯士 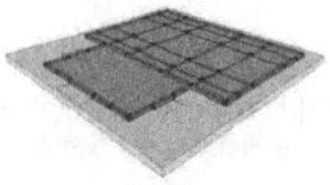
5. 最后铺上铺地，台明基本完成 
6. 再在完成的台基之上建造其他构筑物 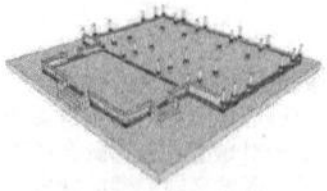

陈家祠中堂台基及月台构造调查研究（学生作业）

## 改造方案——遮阳构件

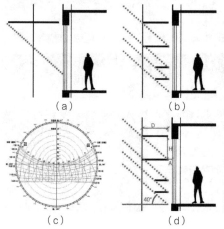

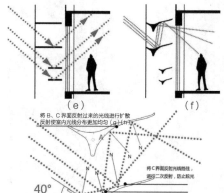

**27号楼南立面现状**

27号楼南立面的遮阳板过长（a）
将本来的长度通过加密的短板
获得同样的遮阳效果（b）

**遮阳板所需长度计算**

选取的遮挡太阳的时间的临界点为
春分和秋分的9:00到15:00 由图
可得知，其太阳高度角为40°，方
位角为48°（c）

$\tan 40° = H/D$

H的确定来自于人可以随意开高窗
的高度。这个高度的起点为2m
$$H = 1m$$
所以
$$D = 1.25m$$
A=0.15m 为让遮阳板有自身形成
的通风空隙，有助于热空气快速上
升，降低进风的温度（d）

**遮阳板形状确定**

直线型的遮阳板经过一次反射后直
接进入人眼，会产生眩光（e）

采用流线型的遮阳板使光线经过多
一次反射，产生更柔和的光线，满
足绘图室的要求（f）

**仿生学的应用**

将B、C界面反射过来的光线进行扩散
反射使室内光线分布更加均匀（g）什什

将C界面反射光线挡住，
进行二次反射，防止眩光

40°

聚集光线，将光线转移到下
一个反射面进行二次反射。

## 改造方案——构建细部示意图

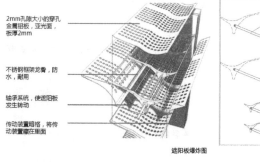

2mm孔隙大小的穿孔
金属铝板，亚光面，
板厚2mm

不锈钢框架龙骨，防
水，耐用

轴承系统，使遮阳板
发生转动

传动装置暗格，将传
动装置藏在里面

遮阳爆炸图

不锈钢
夹具

传动轴

电机

不锈钢
铆钉

边框

遮阳板传动装置图

**遮阳板传动装置说明**

可调节遮阳板的传动装置选择较为成熟的电动连杆连接方式，使用者可以根据室外阳光照射情况轻松调节遮阳
板相对角度，以达到合适的室内照度，在保证遮阳的前提下提供适宜的采光，同时遮阳板间的相对位置及角度
能够调整室内的通风状况。

## 展示——模型制作

建筑学院教学楼绘图室南墙遮阳通风优化设计（学生作业）

## 西关小屋简介

广州西关小屋指的是分布于现荔湾区西部（旧城西关）的大量旧民居。

西关小屋的热环境：广州地处珠三角洲北端，长夏无冬，炎热多雨，防热防潮是居住环境的基本。

## 防热构造分类

屋顶
1. 双层通风屋面
2. 平 天 台
3. 可开启后天窗

围护
1. 外 墙
2. 内 墙

门窗
1. 趟 栊 门
2. 满 洲 窗
3. 百 叶 窗
4. 亮 窗

其他
1. 天 井
2. 冷 巷
3. 阳 台
4. 山 出

资料来源：《岭南屋的气候与传统建筑》，汤国华

## 围护结构

### 内墙

**通透隔断**是广州传统民居中常常使用的一种建筑细部构件，它的主要功效在于，既分割了使用空间，又保留了气流自由通过的机会。

材料常以木质为主，少用砖墙。自身通透且不到顶。

1. 让户内房间的上部空间气流交换不存在遮挡。
2. 隔断上镂刻各种木雕通花，又或在隔断上设置可开合的扇页，其作用都是使隔断自身保持通透性。

对户整体空气流动的阻挡降到了最低，有效增加了户内的通透性和自由度。

外墙通花隔断通风

### 外墙

**青砖清水墙**整个外墙系统对于建筑节能与舒适度来说是非常重要的一部分，要使整个建筑的室内环境非常好，同时尽可能降低能源消耗。

增大热阻：
西关小屋的外墙由青砖构成，青砖密度高且具有良好的保温隔热性。西关小屋墙体厚度为600mm与360mm，具有更好的隔热性。

减少辐射吸收：
西关小屋的墙面颜色浅，能够有效减少辐射吸收，达到隔热的作用。

资料来源：《广府民居通风方法及其现代建筑研究》，曾志辉

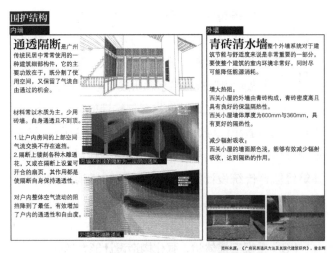

**专题二**
屋面·维护·门窗·其他

## 传统建筑防热设计调查

硬木大门
趟栊门
矮吊脚门

门窗及其他

## 模型展示

### 防热构造节点模型制作

- 玻 璃
- 活 动 窗 扇
- 木 框 与 导 轨
- 窗 框

### 实体模型

**可开启后天窗**广州传统民居一般采用半透明的贝壳蚝片作为遮光挡雨材料制成木框架拉绳天窗。这种天窗形式简单，材料独特，并且开、关十分方便，是广州传统民居必不可少的极具地方特色的建筑配件之一。

我们在模型制作中采用磨砂玻璃代替蚝壳，对天窗的框架删繁就简，只保留最必要的外框，在保持可活动性的同时获得更好的采光效果。

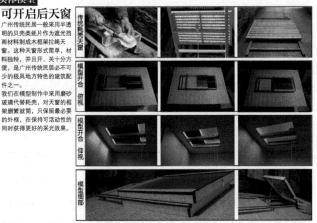

传统蚝壳窗天窗
模型开合 俯视
模型开合 仰视
模型细部

## 阳台及山出

能够有效地制造阴影，为正立面的门窗提供遮阳的效果。

西关小屋正墙

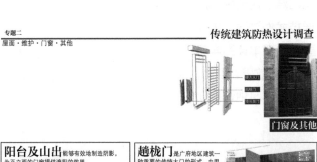

## 趟栊门

是广州地区建筑一种重要的传统大门的形式。由里到外依次是：

硬木门——趟栊——矮吊脚门

对比1与2，居民在日常生活中仅关上趟栊，打开挡风的荧幕大门和矮吊脚门，其通风效果与完全打开所有门户下的工况相差很小，在保证了居家安全的前提下，又保留了厅堂与外界大面积通风。

对比2、3可知，在需要一定私密性的时候关上矮吊脚门，厅堂内中上部的通风依然保持活跃，为户内整体的通风提供了良好的基础。

由以上模拟分析可见，趟栊门确实既能满足实际生活的需求，又对通风有着良好的气候适应性。

1.三扇门全开
2.仅关趟栊门
3.关趟栊门、吊脚门

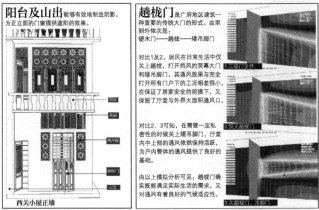

广州政务服务中心幕墙构造调查研究（学生作业）

四个专题各有侧重，形成了解材料特性——材料组合——构造性能——设计优化的递进式学习过程，有助于整体设计思维的逐步建立：每专题有相对独立性，依据不同教学内容采用不同的作业形式，作业由 4~5 人组成的小组协作完成，要求做阶段汇报，共享调研成果与学习体会。

为了加深学生对地域性材料与构造的认识，作业内容还增设了岭南地区传统建筑气候适应性构造调查研究，将其融合于建筑材料、建筑防热、建筑表皮三个专题中，使每一专题既有现代新型材料、现代设计案例的分析，又有传统建筑经验、传统设计案例的研究，学生在阶段成果的课堂交流中，新旧对比，激发讨论，开阔了视野。

**（3）重视实操体验，强化构造设计能力培养**

建筑构造教学的第三个难点是内容技术性强，学生读图困难。建筑构造课是建筑设计主干课的重要支撑，但学生往往因为建筑构造课技术性过强，内容枯燥而缺乏学习主动性，加上缺乏工地实践环节，学生主要通过课本读图学习建筑构造，纸上谈兵，理解困难，更削弱了学生的学习热情和学习效果。因此，教学过程中注重操作实践有利于改善教学效果。针对技术性强，学习枯燥的问题，我们在教学中引入若干措施帮助学生突破学习瓶颈。

①改进讲授方式

课堂讲授中将技术图纸与立体构造图、施工实景图对照讲解，对于防水、隔热、保温等分层铺设的构造极为有效，将抽象的线性图例转变为三维实体有助于记忆和理解，对于复杂构造，讲授中还进一步借助施工过程演示，加深对构造的理解。

②课堂抄图训练

对于连接关系较为复杂的建筑构造图，理解连接关系及构件功能是学习的关键。由于这类构造图关系复杂，学生往往存在学习惰性，我们有意识地在课堂上要求学生现场抄图和默图，进而加以点评，指出图面错漏后面所缺失的构造概念、构造问题，使学习由单向的输入，进化为双向的输入——输出——检验——输入，加深理解，强化记忆。实践证明这一措施非常有效，学生由最初的不安，继而投入，最后释然，课堂气氛活跃。

近 2 年学生专题作业部分选题

| 专题 | 小组作业内容 |
| --- | --- |
| 建筑材料 | 建筑的材料语言——木材 |
| | 材料视野的构造——玻璃构造和案例分析 |
| | 南昆山十字水度假村的竹材构造调查研究 |
| | 塑料：特性·构法·案例分析 |
| | 广府瓦作工艺调查研究 |
| | 广州黄埔古村砖拱工艺调查研究 |
| | 陈家祠中堂台基及月台构造调查研究 |
| | 陈家祠与作善王公祠的卯榫构造及受力分析研究 |
| 建筑防热 | 手动调节型东西向外窗遮阳设计研究 |
| | 建筑学院教学楼绘图室南墙遮阳通风优化设计 |
| | 广州发展中心遮阳系统调查及改进研究 |
| | 西关趟栊门构造调查研究 |
| | 岭南传统建筑防热设计调查及西关小屋案例研究 |
| | 岭南传统防热构件——百叶窗调查研究 |
| 建筑表皮 | 高层建筑表皮的设计与使用情况——以广州富力中心为例 |
| | 广州财富中心玻璃幕墙的节能构造调研研究 |
| | 广州国际金融中心玻璃幕墙构造调研研究 |
| | 广州全球通大楼玻璃幕墙构造调查研究 |
| | 太古汇玻璃幕墙构造调查研究 |
| | 广州政务服务中心幕墙构造调查研究 |
| | 广州利通广场幕墙构造调查研究 |

③引入实例调研

各专题作业均引入实例调研分析，将图纸分析与现场考察结合起来。如在建筑表皮专题中，学生被要求在市中心的 CBD 区选择一栋高层办公楼，对其玻璃幕墙进行现场考察，同时收集有关设计资料、图纸，进行对照分析。这一题目调动了学生的积极性，学生除了现场观察、拍照之外，甚至开展了现场调查，发现其设计中存在的技术问题，并尝试寻找解决的方案。

④强调模型制作

实例研究与构造设计的期末作业成果要求学生制作大比例实体模型，学生可自主选择某一典型构造节点制作模型。作业要求清晰表达材料连接、工作原理、操控方式，同时鼓励运用真实材料进行制作。建造过程的体验与直观的模型呈现一样，有助于深入理解建筑构造，且前者往往显得更加有价值。

## 6. 总结与展望

华南理工大学建筑学院建筑构造设计教学改革目前已经进行了四年，在探索专题化建筑构造设计教学模式的过程中，学生的评教分数逐年提升，反映出学生对教学改革的接受度和满意度逐年提高。

在构造设计教学改革中，有三点甚为关键：其一，地域性主题的引入，可以有效地融合建筑物理、建筑历史、建筑设计课程，使建筑构造设计教学充分反映设计的本质，避免被切割为孤立的理论知识讲授；其二，建筑构造设计教学要适应高年级学生设计能力发展的现实与需求，以设计应用为导向，变知识学习为方法掌握，培养正确的设计思维；其三，团队协作式的专题化研究学习，重视实操体验，强调交流的共享型教学，有助于活化教与学，提升教学效果。

强调实践操作的建筑构造同时也面临窘境，一方面，学生工程设计概念的培养非构造设计课可以毕其功于一役，需要整体教学体系的不断改进和优化；另一方面，尽管近年来实践教学、实验教学得到前所未有的重视，但建筑学科教育相对其他工科教育而言，在实验教学条件方面的投入与提升极其有限。比如，构造模型制作虽然加强了学生对构造设计的体验，但缺乏真实材料、真实工艺的支撑，仍不免有"纸上谈兵"之虞。期盼有设备配套完善的构造设计实验室和持续可行的人员经费投入，使建筑构造设计教学更上一层楼。

**参考文献**

[1] 肖毅强，冯江.华南理工大学建筑学院教育思想与创作思想的形成与发展[J].南方建筑，2008（1）：25-29.

[2] 袁培煌.怀念陈伯齐、夏昌世、谭天宋、龙庆忠四位恩师——纪念华南理工大学建筑系建系70周年[J].新建筑，2002（5）：48-50.

[3] 孙一民，肖毅强，王国光.关于"建筑设计教学体系"构建的思考[J].城市建筑，2011（3）：32-34.

[4] 肖毅强 高年级设计教学应强调能力深化与整合知识结合，建筑师业务实践与毕业设计教学[J].城市建筑，2011（3）：8-9.

[5] 程建军岭南古建筑营造技术及源流研究[J].南方建筑，2013（2）：16-20.

[6] 肖毅强，王静，齐百慧.湿热气候下建筑外表皮防热模式思考[J].南方建筑，2010（1）：60-63.

[7] 王静，蔡伟明.搭接技术与艺术的桥梁——建筑构造教学探索有感[J].华中建筑，2010（8）：198-199.

# 教学做合一的建筑构造
# 深化学习环境设计探索①

庄少庞　王　静　冷天翔

**摘　要：** 建筑构造教学一般分为基础学习和深化学习两个阶段，在深化学习阶段如何有效融入创新实践是建筑构造设计课教学改革的一个重要内容。建立教学做合一的学习环境，需要解决做什么和如何做的问题。教师可以合理安排专题教学内容，巧用不同教学法，建立因做施教、以做促学与在做中学的深化学习环境，同时结合实际情况灵活调整。专题讲授可以达到以线带面的教学效果，将知识学习扩展为方法掌握，重视实操体验的互动式教学可有效激活学习热度，创新实践可促进建筑技术理论知识的吸收，培养整体设计思维。这些措施加上全过程建筑构造学习环境的拓展建设，可成为连接建筑设计主干课与建筑技术理论课的桥梁，提高专业培养质量。

**关键词：** 建筑构造；教学法；教学做合一；实践教学；体验式学习

　　强化实践是当下国内高等教育的重要导向。陶行知先生很早便提出"教学做合一"的教育理念，认为"先生拿做来教，乃是真教；学生拿做来学，方是实学。"[1] 在教学过程中引入"做"的环节，"做"是关键，教与学统一在"做"上，"做"可培养学生的主动精神。理论教学与实践教学结合适应新时代大学生的学习状态，"教学做合一"的理念可用于指导课程教学改革。教师作为学习环境的设计师，需要把握好"教"与"学"的关系，通过创新教学法来完善学习环境的设计 [2]。理论课在教与学中引入"做"已普遍为教师所认同，通过实验、

---

　　①　本文曾发表于 2020 年 05 期《高等建筑教育》。

实践环节促进学生对理论知识的掌握及应用是教师乐于采取的教学模式，教师需要综合协调教、学、做三者的关系，进一步创建"教学做合一"的学习环境。

## 1. 改进建筑构造设计教学的实践分析

建筑学专业教学中，建筑构造教学一般分为基础学习和深化学习两个阶段，针对低年级较为简单的建筑设计课题，讲授建筑基本构件及相应构造；针对高年级较为复杂的建筑设计课题，讲授较为复杂的特殊建筑构造，如与剧场建筑设计课题平行讲授剧场建筑构造等。因此，课程安排上将建筑构造教学分为"建筑构造一"和"建筑构造二"，这种模式在国内建筑院校中具有普遍性。

建筑构造内容较为庞杂，深入学习难度较大。建筑构造教学在传统上着眼于功能与性能的实现，对美学表现关注较少，学生较难将构造设计学习与形式表现关联[3]。学科领域的发展使建筑设计课题的类型日益多元化，在高年级阶段，建筑构造部分教学内容更适合设计课教师有针对性的讲授，在压缩专业总学时与知识讲授课时的趋势下，配合式的教学制约建筑构造课自身教学时序的安排，也无法从根本上解决建筑设计与建筑构造学习脱节的问题。因此，建设深化学习环境是建筑构造教学的关键问题。

华南理工大学建筑学专业在创新型人才培养体系构建中，以"厚基础，深发展"为思路，将培养计划演化为两段式的教学结构，具体按照"3+2"的模式实施：前三年是专业通识阶段，学生完成基础知识学习和能力训练，具备相应的理论基础和专业素养；后两年是专业深化发展阶段，强调研究型设计能力的培养[4][5]。"建筑构造一"（建筑构造设计基础）安排在二年级下学期，"建筑构造二"从原来的四年级上学期调整至三年级下学期，培养计划对"建筑构造二"的教学内容和教学方式进行调整，尝试摆脱"建筑构造二"仅作为"建筑构造一"知识延展的教学模式，将建筑构造的第二阶段教学与第一阶段适当拉开距离，建筑构造基础按建筑部件分项讲授构造基础知识，以培养整体设计思维为导向。具体来说，第一阶段侧重于了解与熟悉建筑基本构造及其原理，以构造的性能为重心，以知识讲授为主，是侧重知其然的阶段；第二阶段则关注建筑构造的生成逻辑，以问题为导向，构造性能与美学表现并重，知识讲授与实践操作并举，是侧重知其所以然并善用其然的阶段[6]。在这一过程中，创新实践如何有效融入建筑构造设计课成为教学改革的一个重要内容，针对课程"做"什么和如何"做"便是需要解决的问题。

建造活动是当下建筑学学生乐于参与的课外活动，蓬勃发展的建造节成为各高校的交流平台，有些已发展成国际性竞赛[7]。近几年，华南理工大学的"营造"活动先后以竹木等基本材料开展校际建造比赛，参赛作品显示了学生丰富的想象力，也反映出学生在材料利用与构造设计上的发展空间。实操体验增进了学生对设计的理解，加深其对材料性能的认识，但与系统学习相结合才能发展成综合设计能力。因此，建筑构造设计教学有效结合实践，适当面向学生科技活动愿望，有助于激发学生学习动力与实践创新能力。从事建筑构造教学的教师将构造节点模型制作引入教学，设置实测绘图的课程设计环节[8]，开设独立建造实习课等[9]，积极探索理论结合实践的教学方法以改进教学效果。

由"做"入手，探索结合创新实践的理论课教学法是深化学习阶段建筑构造教学改进的可行路径，而启发学生思维，通过实践培养创造力需要进一步完善全程学习环境的设计，需要创新教学法使"做"更好地融入教学过程。

## 2. 以构造设计实践进一步完善建筑设计与建筑技术课程教学的横向关联

### （1）构造课的"做"作为建筑设计课的一种补充：重视设计创意的落地呈现

在教学时序上，开展第二阶段的建筑构造教学时，专业学习时间已经过半，学生对设计有较为全面深入的了解，教学重点是培养学生将设计概念落实到建筑细节的能力，培养学生对材料的敏感性，使学生对节点构造具有相对清晰的认知。"做"可使学生逐步建立设计落地意识，为创意实现提供支持。

### （2）构造课的"做"作为整合技术理论课的一个节点：基于技术性能的设计实践

第二阶段的建筑构造学习在建筑结构、建筑物理课程之后。相对建筑结构和建筑物理，建筑材料与构造是由建筑学背景教师主讲的技术类课程，教学中引导学生建立整合性的技术设计思维十分必要。建筑构造教学可以综合这些科目内容，安排适量设计训练和创新实践，使学生通过构造设计将技术课程所学贯通起来，掌握美学表现与构造性能综合的方法，具备解决复杂工程问题的能力。

## 3. 结合创新实践的建筑构造课学习环境设计

教师不仅讲授知识，更重要的是作为学习环境设计者创新教学法。教学小组自 2011 年开始，采用相对开放的专题式教学，取得了一定的教学效果。近三年来，教学小组进一步结合课程内容优化调整，采用对应教学法，融合创新实践，逐步构建"以做为中心，教学做合一"的课程学习环境。首先，转变单纯讲授的教学模式、工地参观的实践模式及闭卷考试的考核方式，基于案例调研的翻转课堂促进互动；其次，以研究、解决问题为导向，融入动手操作的团队协作设计实践，锻炼学生解决复杂问题的整体思维和综合能力，为实践拓展提供支持。

教学做合一的建筑构造教学环境设计

| 教学目标 | 教学内容 | 学习环境 | | |
| --- | --- | --- | --- | --- |
| | | 教 | 学 | 做 |
| 思维转换 | 面向问题的构造设计 | 专题讲授 | 听课学习 | 构件识别 |
| 思维建立 | 传统主材的构造设计 | 翻转课堂＋讨论式教学 | 案例学习 | 抄图训练＋案例分析 |
| 实践拓展 | 现代材料与构造设计 | 体验学习 | — | 团队设计 |

### （1）因做施教：专题教学为创新实践融入提供可能
①解决专项问题的构造设计

培养学生创造性解决特定问题的设计能力对建筑构造教学至关重要。此专题以建筑防水、建筑防热为主要教学内容，以解决特定技术问题的整体思维与各构成部件的对应构造做法为重点，促进学生在构造设计学习上的思维转换。建筑防水、建筑防热是南方建筑需要解决的关键技术问题，这些专题以关注地域性技术问题为切入点，融合建筑热工学知识，启发学生绿色建筑设计技术观念，为高年级专门化学习作铺垫。

②现代材料与构造设计

此专题以表皮设计为主要教学内容，以玻璃幕墙与建筑复合表皮设计为教学重点，学习玻璃、金属板及部分新型材料用于建筑外围护结构的构造做法。建筑幕墙与建筑表皮构造是需要关注性能与表现的综合设计，有助于将建筑构造学习与建筑设计课的方案设计对接，使学生建立重视建筑构造的整体设计思维。

③传统主材的构造设计

此专题以竹木构造为主要教学内容。随着建筑师实践领域的多样化，这类轻型结构在既有建筑改造、装配式建筑、敏感地区建造等领域应用日益广泛，相关学习符合当下建筑设计领域的现实需求，颇有意义。并且这类传统材料的构造设计实践，在构造设计整体思维的培养上与现代材料并无二致。竹木是极富生命力的传统建筑材料，学生可以结合建筑历史、建筑结构与建筑物理所学了解材料运用，拓展对不同材料建造体系的学习覆盖面。同时，竹木易于加工，便于进行建造实验，可成为建筑构造设计学习与真实材料应用的对接口。

**（2）以做促学：主动学习为创新实践作铺垫**

①系统讲授辅以应用练习

讲授教学法（Lecture - Based Learning，简称 LBL）作为专题教学的主要方式，与建筑构造基础分建筑部件讲授知识的体系不同，是以诱因为线索从建筑整体讲授应对策略与构造做法，需要为学生提供一个系统整体的思路，因此，大班灌输式教学模式在连贯性、准确性与系统性上更好。对于单向授课学生参与度不够的问题，教师可配合讲授安排构造部件应用的节点构造图绘制练习。在防水设计部分，安排防水构件应用的节点设计练习；在建筑幕墙部分，安排幕墙节点大样课堂抄图练习。课内的构造绘图练习促进学生主动读图，通过"设计"输出，以做促学，加深学生对构造的理解，实时反馈学生学习效果，克服传统期末考试在最后"一考了之"的不足。练习作业作为平时成绩纳入考核之中，促使学生对其重视。

②通过案例分析加深学习

案例学习（Case Based Learning，简称 CBL）以"教师设问、学生为主、调查研究"为基本思路，通过翻转课堂调动学生积极性，提高学生获取新知识的能力，促进构造设计思维建立，为后面的创新实践作技术铺垫。

在系统的课堂讲授之外，学生通过案例分析加深对现代材料与构造设计专题的学习。教师安排学生在城市 CBD 区开展高层玻璃幕墙设计调研，选取一个案例对其幕墙构件节点从表现和性能两方面进行分析。在竹构建筑专题中，教师系统讲授竹材的历史、加工工艺、构造类型与典型案例，安排学生分析竹建筑案例的结构系统与节点构造。学生需要整理"输出"案例简报，优秀简报可在课堂分享，作为鼓励，小组成员可获得平时成绩加分。

### （3）在做中学：通过团队协作锻炼综合实践能力

①教学框架搭建

实践教学鼓励学生在做中学，以团队为基础的学习（Team - Based Learning，简称 TBL）是其主要教学模式。以团队为基础的学习是在以问题为基础的（Problem - Based Learning，简称 PBL）教学模式上形成的。PBL 教学法以问题激发学生学习动力，引导学生把握学习内容，是以学生为中心的小组讨论式教学。东北大学教师探索了 PBL 教学法在第二阶段建筑构造教学的运用模式 [10]。TBL 教学法提倡学生自主学习，教师在过程中提供必要支持，让学生在已有技能的基础上解决复杂问题并总结反思。

教师拟定创新实践需要解决的问题，学生自主组建 3～4 人的小团队，在协作完成整体设计方案的基础上，完成若干节点的大样设计图纸，加上必要的分析图纸形成一份设计文本，此外需要制作 1 个整体模型和 1 个节点模型。将实操体验引入构造设计学习，有助于加深学生对构造的理解，使构造教学不再刻板乏味。

课程共 16 个教学周，32 学时。教师安排 6 个学时作为创新实践的讨论教学时间，其中调研、初步设计讨论和深化设计讨论各占 2 个学时，每环节间隔 2 周，整个设计过程为半个学期，给学生充分的课下设计与讨论时间，保证成果的完成度。团队协作模式加上适当延长工作时间，减少课业压力，避免与设计主干课冲突。

②实践课题设计

创新实践是深化与检验学习效果的主要方式。建筑设计课是建筑学专业教学的中心主轴，理论课的教学是副轴，配合学生设计能力进阶而安排，基于理论课教学开展的课题实践需要体现这一教学定位。设计任务以解决技术问题为导向，不求大而全，突出材料与构造课程的重点，关注材料选择与运用，设计成果要重视技术合理性（性能）、设计精美度（表现）、设计创新性（思维与表达）三个方面。创新实践的课题设计还应体现节材、节能的设计思维，为后续高年级的绿色建筑设计专门化学习提供帮助。协作设计的团队与成果还可成为部分学生申报学生研究项目、创新创业项目的基础。

从配合建筑设计教学的角度，教学小组借鉴苏黎世联邦理工学院的建筑设计教学模式[11]，提出将构造设计实践融入同期建筑设计作业的设想，但这种配合式的实践教学在教学时序上缺少灵活性，由于三年级的建筑设计课题以个人完成为主，学生独立完成自己设计方案的构造设计一定程度上增加了工作量，学生建筑设计方案的多样化导致较难形成统一的课题成果要求，不易进行不同方案间的横向交流，在成果评价上也会大幅度增加教师的工作负荷。教学小组最终放弃这一设想，采用统一设题的课题模式。

从控制工作量的角度考虑，近3年教学组尝试了不同尺度的实践课题，如小型临时建筑、大型开敞空间遮盖体与外窗手动遮阳设施。对三年级下学期的学生而言，其设计能力已经达到一定水平，课题规模大小对成果完成深度影响有限，而课题的开放度对成果的多样性和创新性具有较大影响。对大班教学的理论课而言，多样性与创造力的发挥颇为重要。大部分学生在整体设计思维上进步较为明显，但图纸表达上的进步则相对有限，需要在高年级的施工图设计与业务实习阶段继续加强。据参加学院课程设计和毕业设计公开答辩的设计院院长、总师的反馈，他们对学生能否准确绘制节点构造图并不十分在意。因此，构造设计整体思维的培养与技术图纸的完善表达之间，前者更应引起重视，教师在编制课题成果要求和评价标准时侧重点也应是前者。

教师在教学中尝试将学生课题与高年级毕业设计课题、研究生课题适度关联，教师安排高年级学生同步工作，不同年级学生对同一问题开展不同深度的

**3 种类型的构造设计实践课题及效果**

| 年级 | 课题 | 内容要求 | 成果反馈 | 课题互动 |
|---|---|---|---|---|
| 2014 级 | 海滨观光小屋 | 1. 30 ~ 40m²，1 ~ 2 人临时居住，配备卫生间与简易餐厨设施<br>2. 选择合理的结构形式与建造材料，尽可能降低建造成本<br>3. 适应地域气候，与海边生态环境融合，强调观景的体验需求 | 规模适中，方案设计、材料选择多样化，部分模型使用了真实材料 | 实际科研课题，研究生同步完成一份深入的设计方案 |
| 2015 级 | 城市商业广场遮盖体 | 1. 在 2 万 m² 的商业综合体前广场设计可全天候使用的开敞式遮盖空间，连接主要出入口<br>2. 发掘竹木等可降解、可再生及可回收材料的潜力，探索基于形式、空间、性能的设计与建造协同模式<br>3. 适应地域气候，节能舒适 | 结构形式难度较大，用竹木真实材料节点模型，实操效果较好 | 毕业设计相关课题，毕业班学生同步完成深入的建筑设计方案 |
| 2016 级 | 实验室南立面遮阳设施 | 1. 手动控制，安装在窗户外侧，可结合外飘板、外窗整体设计<br>2. 考虑遮阳性能，兼顾立面与造型<br>3. 关注标准化及适应性，提供可推广的设计思路 | 设计限制性较大，节点设计创新难度较大，使用真实材料的模型较少 | 未安排 |

研究，教师在分别指导的过程中可相互引用，拓宽学生的视野。实践表明，本硕、高低年级的课题互动可以辅助讨论式教学，提高学生设计研究的活跃度。

③讨论式教学

讨论式教学采用翻转课堂形式，将团队汇报、教师点评与学生提问相结合。交流互动打开学生的设计思路，教师结合设计中的代表性问题点评，启发学生思考。

教师尝试引入游戏化教学方式激发课堂活跃度和学生投入度，在汇报环节采用淘汰制，设计及汇报优秀的小组可进入下一轮汇报，作为激励可获得作业成绩加分和模型制作补贴。教学实践反映，学生的投入程度有所提升，但淘汰制需要更多的小组参与汇报讨论，汇报内容常常过于类似或重复，更长的汇报时间降低了课堂效率，影响课堂气氛，因此，讨论式教学的频度需要合理平衡。经过多次尝试，阶段成果讨论先由学生提交汇报文件，再经过教师筛选与自由报名的方式确定课堂汇报交流的小组，并将讨论式教学控制在 6 个学时之内。

在讨论教学环节中，全体授课教师全程参与课堂汇报的交流互动。结合行业专家进课堂计划，讨论教学时邀请一线建筑师参与点评，使评价更为全面，对学生了解实践领域大有裨益。

## 4. 建筑构造学习环境的拓展建设

单纯依靠两门构造课程推动学生对构造设计的深度学习是有困难的，虽然建筑构造教学主要由建筑构造理论课承担，但其他相关的理论课如建筑设计原理、建筑结构、建筑物理等或多或少也涉及建筑构造的内容。建筑设计课中，针对具体课题也会安排构造知识讲座，为学生开展设计提供支持。

除相关课程的横向支持外，建立建筑材料与构造学习的纵向线索颇为必要。专业培养计划对课程设置和教学环节进行了相应铺排，如，一年级"建筑模型与图示语言"加入了材料与造型的作业环节，建立对材料特性与运用的实操体验。二年级增加"建筑认识"实践环节，结合参观考察实地认识建筑构造，为二、三年级的建筑构造课程学习作铺垫。高年级设计课程采用"专题设计"和专门化教学模式，为构造设计研究学习延伸到高年级提供了条件。学生在绿色建筑设计专题中开展基于性能的节点构造设计，在装配式建筑专题中开展基于快速建造的装配式构造设计研究等。由于设计能力的提高，高年级学生在构造设计研究的合理性、实施性上可以达到更高的完成度，连续的专题构造设计学习具有良好效果。

在课外实践方面，除了参与院内的"营造"活动，部分学生还参加兄弟院校的建造节、国际高校建造大赛、国际太阳能十项全能竞赛，以及与构造相关的学生研究计划项目等。学生还结合暑期社会实践活动在乡村开展实地建造项目，这些活动成为建筑构造设计学习的有机延展。

纵横结合的课程内容和教学环节设置，形成了开放多元的建筑构造分析与设计能力培养体系，课程教学与课外创新实践的互动，进一步强化了学生在构造设计上的综合实践能力。华南理工大学建筑学院学生在参与建造类比赛中取得突出成绩，学生设计并在地实施的"东江源环教中心"项目获"2016WA 中国建筑奖社会公平优胜奖"，华南理工大学建筑学院的学生团队在"2018 年中国国际太阳能十项全能竞赛"中荣获冠军。这些成绩的取得与全过程建筑构造学习环境的构建是分不开的。

## 5. 结语

在专业理论课程教学中引入创新实践环节，对教与学而言都意味着更多精力与时间的投入，工作量的增加能否给学习带来正向效果取决于学习环境设计。从近几年的教学实践来看，以"教学做合一"的理念建立建筑构造设计深化学习环境是有效的。其一，在"教"上确立以问题为导向的教学思路，以建立学生的整体设计思维为教学目标，专题系统讲授可以达到有的放矢、以线带面的教学效果；其二，在"学"上以设计实践为导向能更好衔接建筑设计课的学习，变知识学习为思维方法掌握；其三，"做"是连接教与学的关键，重视实操体验的互动式教学能有效激活教与学双方的主动性，通过创新实践促进建筑技术理论的学习。教师通过不同的教学环节设计，巧用教学法，营造激发学习热情的教学环境，加上纵横结合的全过程建筑构造设计学习环境拓展建设，使"孤立""乏味"的建筑构造教学成为连接建筑设计主干课与建筑技术理论课的桥梁，提高专业培养质量。

教学改革既是思维不断推进的过程，也是不断试错的过程。学习环境设计需不断调整。教学小组在相对稳定的教学框架内，以动态思维持续更新教学内容，探索设计实践融入的模式。一方面从教学角度出发，根据培养方案对专业知识结构和综合能力培养的具体要求拟定专题教学内容；另一方面从学习角度，根据创新实践成果评估教学效果，判断学生对课题的兴趣与投入程度，调整创新实践融入教学的形式。

## 参考文献

[1] 陶行知 . 中国教育的觉醒 : 陶行知文集 [M]. 北京 : 群言出版社，2013.

[2] 沈宁丽 . OECD 发布《教师作为学习环境的设计师 : 创新教学法的重要性》报告 [J]. 世界教育信息，2018，31（10）: 76.

[3] 吕小彪，邹贻权，徐俊 . 结合建筑设计课程的建筑构造教学探讨 [J]. 高等建筑教育，2011，20（2）: 86-88.

[4] 孙一民，肖毅强，冯江，等 . 厚基础，深发展，国际化——华南建筑学人才创新能力培养的探索与实践 [J]. 城市建筑，2015（16）: 53-55.

[5] 黄丽，庄少庞，孙一民，等 . 整合实践教学环节的高年级建筑设计教学模式优化探索——以华南理工大学建筑学院为例 [J]. 高等建筑教育，2015，24（4）: 74-77.

[6] 庄少庞，王静 . 适应能力发展，契合地域特点——专题化建筑构造设计教学的思考 [J]. 南方建筑，2015（3）: 79-83.

[7] "设计激活乡村——2017 国际高校建造大赛" [J]. 城市环境设计，2017（4）: 210-211.

[8] 王雪英，许东，吴雅君 . 建筑构造课程理论与实践教学整合方法研究 [J]. 高等建筑教育，2014，23（4）: 100-102.

[9] 姜涌，朱宁，宋晔皓，等 . 清华大学的建造实习——授课、设计、实践三位一体的建筑构造教学模式 [J]. 中国建筑教育，2015（2）: 12-17.

[10] 陈沈 . PBL 教学法在建筑构造设计教学中的实践 [C]//: 辽宁省高等教育学会 . 辽宁省高等教育学会 2017 年学术年会优秀论文三等奖论文集，2017.

[11] 吴佳维，李博，程博 . 从直觉到自觉——关于苏黎世瑞士联邦理工学院建筑构造教学的一次对谈 [J]. 城市建筑，2016（4）: 34-40.

# 第二部分　学生作业

# 任务书：湿热气候商业公共空间天幕设计

## 1. 设计背景

　　课题的选址位于海口市海秀东路最繁华的商业中心，周边基础设施完善，商业、金融、文化、娱乐和市政配套齐全。基地上已建商场的商业品牌为海口老字号，拥有广大忠实的老客户，客户群高端。然而，由于现有商业精品楼与主楼前存在的大片空置广场，在高温、高湿、多雨的湿热气候条件下，不利于人群的聚集与活动，使得精品楼间的商业活力和人气也不尽如人意，其优良的中心区位和品牌效应未能发挥应有的作用。

## 2. 基本目标

　　①探索木、竹等可降解材料以及可再生与可回用材料的使用潜力。
　　②创造可全天候使用的户外商业建筑使用空间。

## 3. 成果要求

　　①构造相关文献收集与梳理。
　　②典型构造的示意性图纸。
　　③典型构造的分析（如材料选用、构造特征、相关性能等）。
　　④必要的构造分析图、三维模型图、效果图。
　　⑤概念设计与重要节点细部设计、总体模型和大样模型。

## 4. 进度安排

　　以 4 名学生为一小组进行专题设计研究，小组合作完成 1 个设计方案，开题后开始调查工作，最终图纸与模型制作时间为 2 周。

## · 优秀作业案例 ·

## 2015 级本科生

### THE WINGS

许泽冰　刘皓宇　王诣童　商　战

### "多快好省"湿热气候商业天幕设计

武鑫月　肖　俊　徐　斐　白　杨

扫码免费
获取资源

# THE WINGS

许泽冰　刘皓宇　王诣童　商战

方案效果

# 1. 场地分析

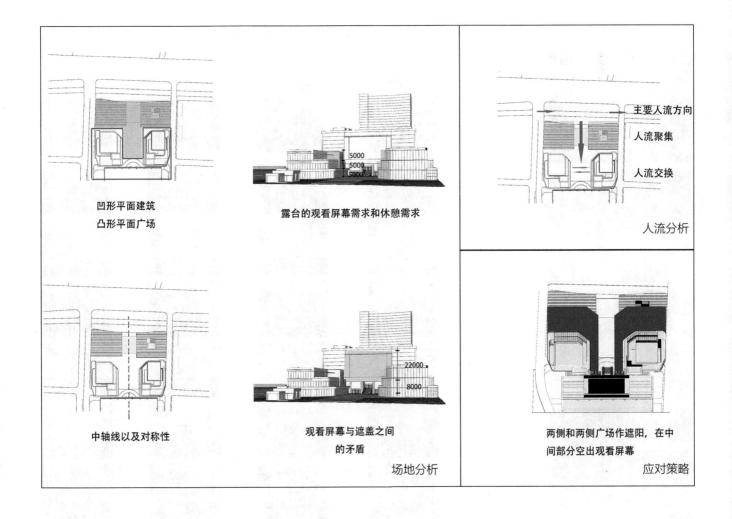

凹形平面建筑
凸形平面广场

露台的观看屏幕需求和休憩需求

主要人流方向

人流聚集

人流交换

人流分析

中轴线以及对称性

观看屏幕与遮盖之间
的矛盾

场地分析

两侧和两侧广场作遮阳，在中
间部分空出观看屏幕

应对策略

## 2. 建造过程分析

保持接地与建筑连接不变，控制高度与主柱位置进行找形。综合美观程度与节点受力程度选择 D 点 16m。

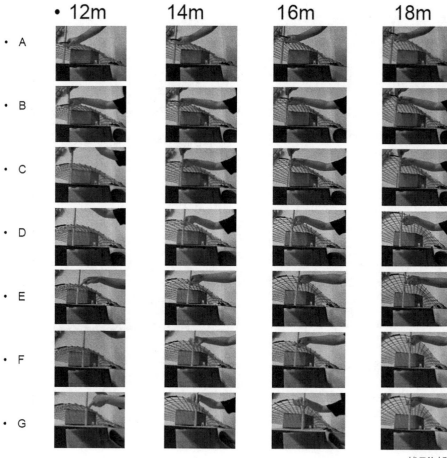

找形过程

## 材料分析　主要采用绿色材料——纸筒

这种材料价格低廉，规格多样，百分之百可回收。纸筒被证明完全可以作为结构材料，并且还可以防火防水。总的看来，纸作为建筑材料有着天然优势。

首先，纸的原料来源广泛，造价低廉；其次，纸构件重量较轻，在地震中的危险性相对较低，同时纸易于加工成形为各种规格的构件，构件尺寸可得到较为精确的控制；最后，纸所具有的温暖的触感和质朴的视觉效果和现代社会的审美取向非常吻合。

但纸的防水仍需特别谨慎处理。纸因其组成结构纤维的独特化，既有弹性体弹性变形的性质，也有流体的应力与变形成正比的塑性变形性质，同时还存在弹性余效。

材料分析

## 施工过程分析

施工过程

1. 根据场地建筑大小确定合适的天幕大小，平铺在场地上连接预制的接地钢结构。
2. 根据预先设计好的高度和定位落柱子，抬起整个网架后固定。
3. 加固每个节点和靠墙节点。

## 形态分析

网格挖去周边建筑与开口

形态汇聚人流，引导向大屏幕和商场

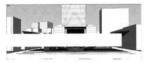

雨水沿着轮廓落下汇入中间水池

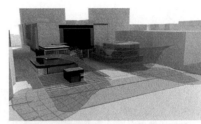

第一版方案，前面大跨悬挑有问题，形态难以施工

第二版方案，尝试统一曲率和构件尺寸，并加入V形柱支撑

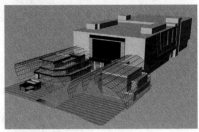

第三版方案，以拱的形式希望能使构件受力上形成自支撑

在老师的指点下，慢慢发现在这个深化过程中的思路问题，围护结构与支撑结构只要关系清晰即可，无须一体化设计，且为了构件标准化牺牲形体美感得不偿失，最后换回第一版方案，优化曲面形态并加合理支撑。

## 找形—建造—节点过程同步分析

| 施工过程 | 找形 | 建造 | 节点 |
|---|---|---|---|
| 1.在地面上铺开整个网格 | | | <br>节点起连接作用，铰接便于后续的造型 |
| 2.将纸筒网格吊起来 | | | <br>节点有约束铰接，可使曲面曲率控制在一定范围，便于控制 |
| 3.定型后，将螺丝拧紧 | | | <br>节点螺丝拧紧后不再变形 |

# 3. 结构图纸

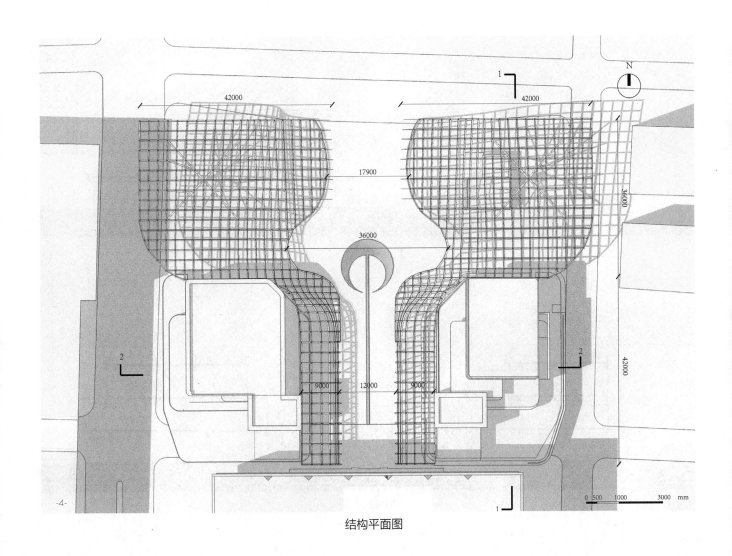

结构平面图

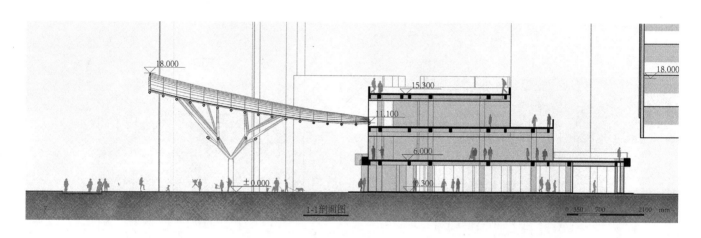

18.000

15.300

11.100

6.000

±0.000

0.300

18.000

7                                            1-1剖面图                          0  350  700        2100  mm

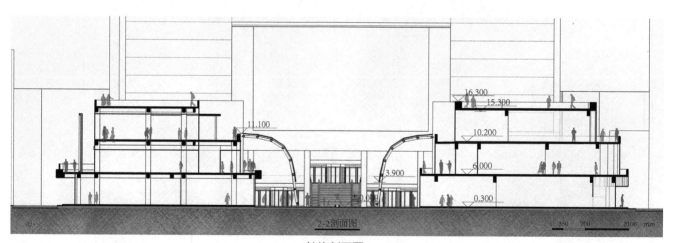

16.300
15.300

11.100

10.200

6.000

3.900

±0.000

0.300

6                                            2-2剖面图                          0  350  700        2100  mm

结构剖面图

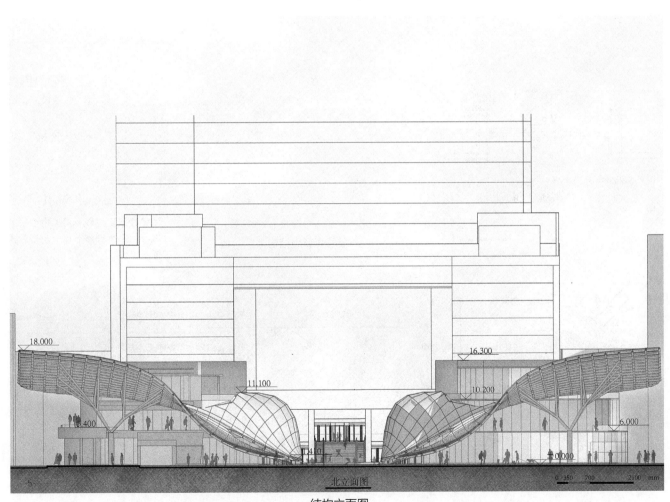

18.000

16.300

11.100

10.200

6.000

8.400

±0.000

T4.0

5.

0  350  700          2100 mm

北立面图

结构立面图

## 4. 节点图纸

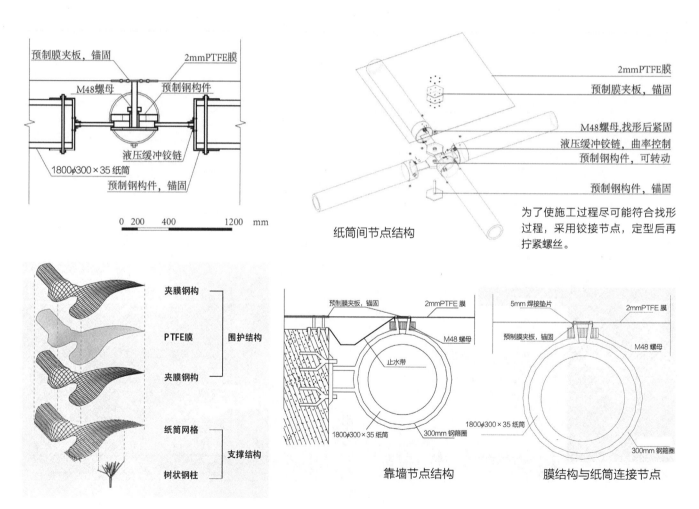

预制膜夹板,锚固
2mmPTFE膜
M48螺母
预制钢构件
液压缓冲铰链
1800φ300×35 纸筒
预制钢构件,锚固

0  200   400        1200   mm

2mmPTFE膜
预制膜夹板,锚固
M48螺母,找形后紧固
液压缓冲铰链,曲率控制
预制钢构件,可转动
预制钢构件,锚固

纸筒间节点结构

为了使施工过程尽可能符合找形过程,采用铰接节点,定型后再拧紧螺丝。

夹膜钢构
PTFE膜        围护结构
夹膜钢构

纸筒网格        支撑结构
树状钢柱

预制膜夹板,锚固    2mmPTFE膜
M48 螺母
止水带
1800φ300×35 纸筒
300mm 钢箍圈

靠墙节点结构

5mm 焊接垫片    2mmPTFE 膜
预制膜夹板,锚固    M48 螺母
1800φ300×35 纸筒
300mm 钢箍圈

膜结构与纸筒连接节点

节点结构

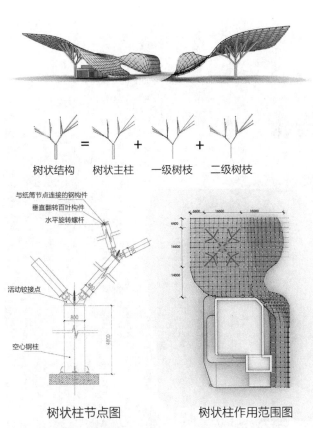

树状结构 ＝ 树状主柱 ＋ 一级树枝 ＋ 二级树枝

与纸筒节点连接的钢构件
垂直翻转百叶构件
水平旋转螺杆

活动铰接点

空心钢柱

树状柱节点图    树状柱作用范围图

优点：通过分支使得每个杆件长
度较短又能达到大跨要求，铰接
方式方便施工，受力简洁。

节点结构图和效果图 1

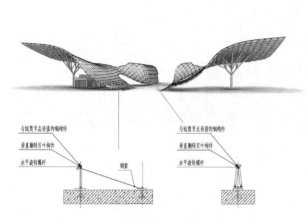

与纸筒节点连接的钢构件　　　　　　与纸筒节点连接的钢构件

垂直翻转百叶构件　　　　　　　　　垂直翻转百叶构件

水平旋转螺杆　　　　　　　钢索　　　水平旋转螺杆

纸筒接地节点图

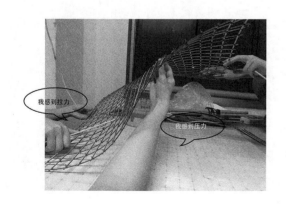

我感到拉力

我感到压力

节点结构图和效果图 2

# "多快好省"湿热气候商业天幕设计

武鑫月　肖俊　徐斐　白杨

## 1. 概念说明

### " 多快好省 "——"Light，Cheap and Fast"

在设计之初对场地性质和方案用途的讨论中，我们把重心放在了如何让设计更好地服务市民，同时也能以较低的成本带来较高的经济效益。我们设想我们的设计可以大规模批量生产，能够适应快速搭建，尽可能缩短施工周期，降低施工对商场运营的影响，同时方案的美观性和艺术性又能吸引更多市民的到来，提高经济效益。所以，我们提出了"多快好省"的设计概念。许多人可能认为在设计中要保证"多快省"就无法保证"好"，但就像张永和老师说的一样，技术包括材料、预制、数控等多个方面，在恰当的思想或设计方法下运用，"多快省"和"好"不是绝对不能统一起来的。[①]

如何在设计中体现"多快好省"，我们认为可以做到以下几点：

1、多：工序简易，材料易得，可回收、易回收，可以采用模块化设计，同时尽量保证单体的种类不要太多，这样更方便工业化快速生产。

2、快：首先要保证搭建单体和材料运输方便，加工节点要精巧，不要过多，有利于做到快速加工和搭建。

3、好：要做到结构上稳定，功能上满足市民的使用，适应当地的气候，与此同时还要满足美学上的需要，吸引更多市民。

4、省：材料成本尽可能降低，尽量运用当地材料，缩短施工周期，后期易于维护和拆卸替换。

作为课程作业，我们离真正的"多快好省"仍有一段距离，但我们会把握住这个大方向，去努力完善设计。

---

① 张永和，多快好省博物馆：麻省理工学院建筑系研究生课 [M]. 上海：同济大学出版社，2016.

## 2.场地分析

### （1）地理区位

海口市

海南省海秀东路

· 商业 → 盈利为主

· 居民 → 消费休闲

· 娱乐 → 对面公园

### （2）气候特征

热带季风海洋气候

· 高温 → 遮阳

· 多雨 → 遮雨

· 台风 → 可拆

### （3）材料选择

竹材

· 普遍种植 → 经济

· 韧性挠度 → 抗风

· 地域材料 → 文化

区位

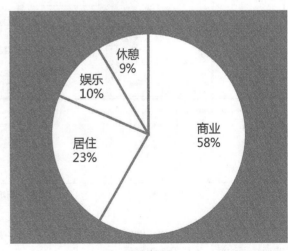

业态特征

## （4）视线分析

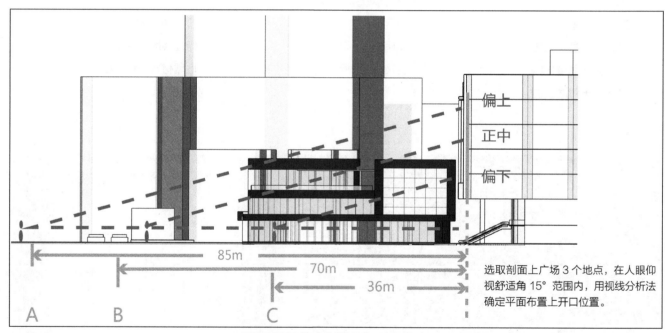

偏上

正中

偏下

85m

70m

36m

A     B          C

选取剖面上广场 3 个地点，在人眼仰视舒适角 15° 范围内，用视线分析法确定平面布置上开口位置。

平面剖面视线＋人群活动＋商场业态

　　A 处是广场边缘，视线在屏幕顶端范围内，视域开阔，毗邻机动车道，是广场对对面公园人流的主要承受面，考虑到更远处的视线通达性，不易设遮盖屋顶。

　　B 处是广场前端，视线在屏幕中部范围内，视域适宜，为最佳屏幕观看地点，考虑商场营业的活动需求与人群休憩需求，设部分遮盖屋顶。

　　C 处是广场消费区，视线在屏幕底部范围内，视域狭窄，毗邻消费前区不宜过多关注屏幕，结合消费行为对遮雨遮阳需求，设大面积遮盖。

## （5）功能分区

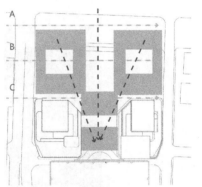

保证点 A 处全视域范围内的通达性，点 B 部分通达，点 C 无屏幕视线需求

场地视线分析

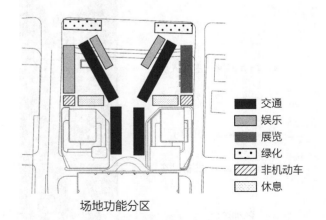

| | 交通 |
| :---: | :--- |
| | 娱乐 |
| | 展览 |
| | 绿化 |
| | 非机动车 |
| | 休息 |

场地功能分区

**场地不同位置的视域范围及人群需求**

| | 广场位置 | 视域范围 | 人群需求 | 遮蔽情况 |
| :---: | :---: | :---: | :--- | :---: |
| A | 广场边缘 | 广阔 | 通过性人流；吸引对面公园内潜在消费者 | 不设遮蔽屋顶 |
| B | 广场前部 | 适中 | 周边消费人群；占地宽阔，适宜人群集中休憩，以及多用途商业展示活动 | 半遮蔽屋顶 |
| C | 广场内部 | 狭窄 | 单纯作为消费通过性空间，仍为主入口保留部分不遮蔽天空以加强入口引导性 | 全遮蔽屋顶 |

　　场地附近大量电瓶车堆放，预估此开放广场建成后仍存在相似问题，考虑到商场消费定位高端，故建议增设停放单车区域，合理规划布局，避免乱停放。

　　考虑场地对面为大面积绿化，加之场地水平方向严重缺乏绿化，故在路边设置绿化区，与公园呼应。

　　原场地中央区两边有临时售卖搭建的亭子，推测商场存在有遮蔽的室外销售空间，故提供展览、娱乐区域，一方面吸引人群，另一方面为销售行为提供基本遮阳遮雨功能。

　　场地存在大量通过型人群，有义务提供遮阳遮雨功能。

## (6) 流线设计

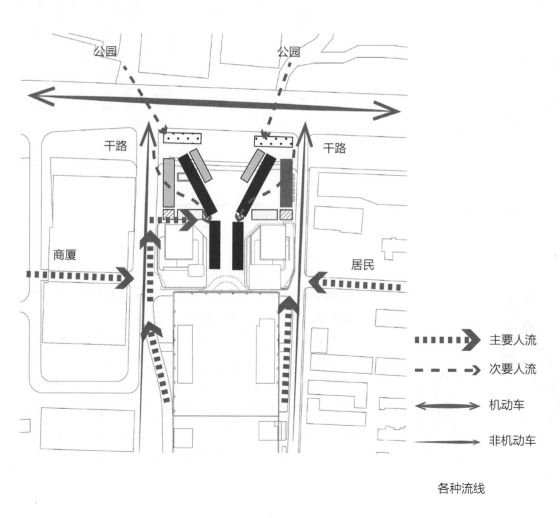

| | |
|---|---|
| ▪▪▪▪▪▪▶ | 主要人流 |
| ▪ ▪ ▪ ▶ | 次要人流 |
| ◀━━━━━▶ | 机动车 |
| ━━━━━▶ | 非机动车 |

各种流线

## 3. 生成逻辑

### （1）单体生成逻辑

步骤 1：单体收缩成束；
步骤 2：单体旋转展开；
步骤 3：上半部分加入一段斜撑增加单体的跨度；
步骤 4：加入第二段斜撑，加强整体的稳定。

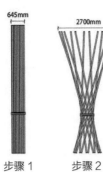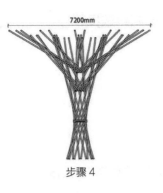

| 步骤 1 | 步骤 2 | 步骤 3 | 步骤 4 |

单体生成

### （2）单体展开逻辑

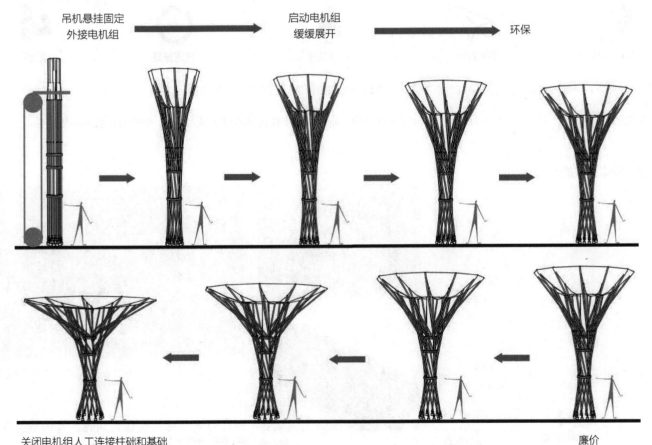

吊机悬挂固定
外接电机组　　→　　启动电机组缓缓展开　　→　　环保

关闭电机组人工连接柱础和基础　　　　　　廉价

单体展开

## 4.材料选择

### （1）主体结构的选材

本地资源

运输方便

环保美观

快速搭建

足够稳固

竹子是热带森林非木材资源的重要特种经济植物，海南岛中南部山区盛行竹产业为主的生态经济。

竹材运输方便，不仅环保，而且美观，同时适用于快速搭建，所以我们主体结构材料选择为竹材，同时辅以金属连接构件。

### （2）单体覆膜的选择

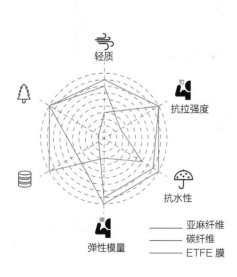

亚麻纤维

碳纤维

ETFE 膜

通过对各项综合性能的对比，我们选择了 **ETFE** 膜作为单体的覆膜材料。

覆膜选择

# 5. 施工过程

## （1）整体施工过程

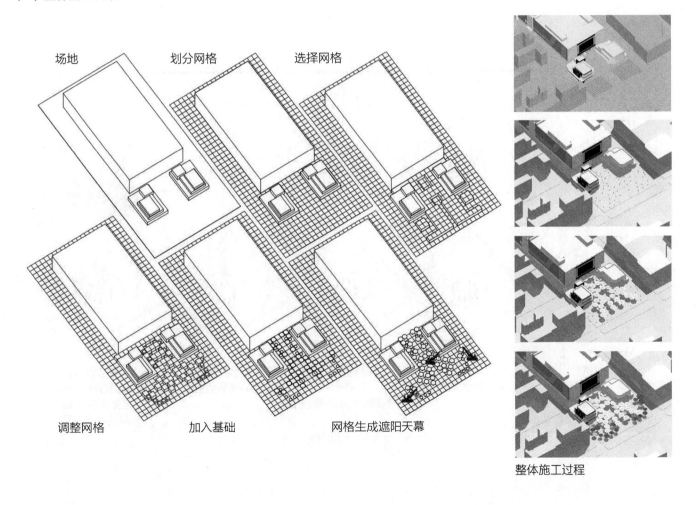

场地　　划分网格　　选择网格

调整网格　　加入基础　　网格生成遮阳天幕

整体施工过程

## （2）单体施工过程

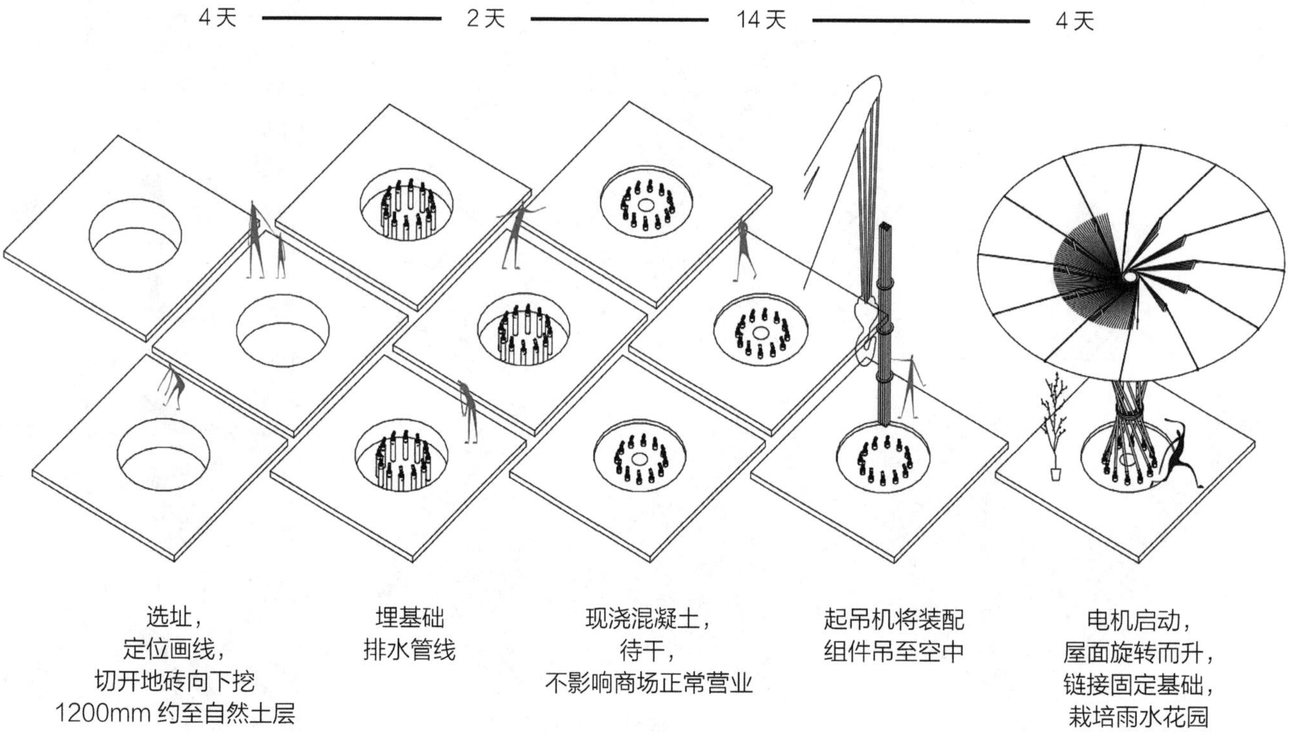

4 天 —————— 2 天 —————— 14 天 —————— 4 天

选址，
定位画线，
切开地砖向下挖
1200mm 约至自然土层

埋基础
排水管线

现浇混凝土，
待干，
不影响商场正常营业

起吊机将装配
组件吊至空中

电机启动，
屋面旋转而升，
链接固定基础，
栽培雨水花园

单体施工过程

# 6. 预算明细

## 预算表 1

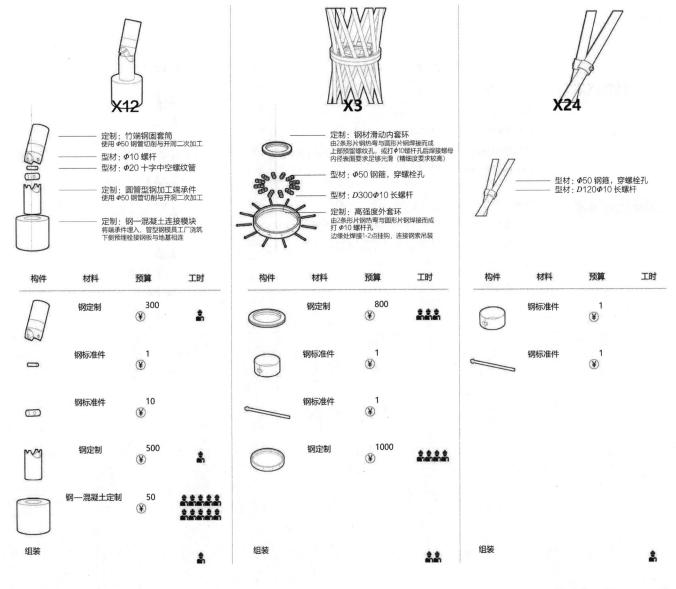

| 构件 | 材料 | 预算 | 工时 |
|---|---|---|---|
| | 钢定制 | 300 ¥ | 👷 |
| | 钢标准件 | 1 ¥ | |
| | 钢标准件 | 10 ¥ | |
| | 钢定制 | 500 ¥ | 👷 |
| | 钢—混凝土定制 | 50 ¥ | 👷👷👷👷👷👷👷👷👷👷👷👷👷👷👷 |
| 组装 | | | 👷 |

定制：竹端钢固套筒
使用 Φ50 钢管切削与开洞二次加工
型材：Φ10 螺杆
型材：Φ20 十字中空螺纹管
定制：圆管型钢加工端承件
使用 Φ50 钢管切削与开洞二次加工
定制：钢—混凝土连接模块
将端承件埋入，管型钢模具工厂浇筑
下侧预埋栓接钢板与地基相连

| 构件 | 材料 | 预算 | 工时 |
|---|---|---|---|
| | 钢定制 | 800 ¥ | 👷👷👷 |
| | 钢标准件 | 1 ¥ | |
| | 钢标准件 | 1 ¥ | |
| | 钢定制 | 1000 ¥ | 👷👷👷👷 |
| 组装 | | | 👷👷 |

定制：钢材滑动内套环
由2条形片钢热弯与圆形片钢焊接而成
上部预留螺纹孔，或打Φ10螺杆孔后焊接螺母
内径表面要求足够光滑（精细度要求较高）
型材：Φ50 钢箍，穿螺栓孔
型材：D300Φ10 长螺杆
定制：高强度外套环
由2条形片钢热弯与圆形片钢焊接而成
打 Φ10 螺杆孔
边缘处焊接1-2点挂钩，连接钢索吊装

| 构件 | 材料 | 预算 | 工时 |
|---|---|---|---|
| | 钢标准件 | 1 ¥ | |
| | 钢标准件 | 1 ¥ | |
| 组装 | | | 👷 |

型材：Φ50 钢箍，穿螺栓孔
型材：D120Φ10 长螺杆

预算表 2

| | | 工程简述 | 经济成本 | 时间成本 | 甲方场地成本 |
|---|---|---|---|---|---|
| **工厂预制成本** | 竹/膜材预加工 | 竹材选型与检查，交接节点穿孔<br>膜材穿索，膜—落水管固定；膜材交接点防水构造 | ¥ 2000 | x216 | |
| | 钢构件加工 | 3大钢节点预制，竹/膜钢节点预制<br>落水管防水与防锈构造 | ¥ 18000 | | |
| | 钢构件组装 | 钢节点按图组装，其中环节点需上竹子 | ¥ 0 | | |
| | 单体组装连接 | 1. 环节点：竹子穿接　　2. 基础节点：竹子穿接<br>3. 次级竹与结构竹交接　4. 竹膜连接：落水管焊接固定 | ¥ 500 | x24 | |
| | 构件质检与打包 | 预展开测试<br>防水性能测试<br>集束形态打包 | ¥ 1000 | | |
| **现场搭建成本** | 地基施工 | 柱位确定后对地基定点夯实<br>广场局部有混凝土湿作业，预埋连接钢板<br>小型雨水花园施工 | ¥ 1000 | x24 | 24h×3m² |
| | 构件运输 | 单体构件尺寸 8400Φ600，需租用长货车运输 | ¥ 100+ | | |
| | 构件吊装 | 单体集束尺寸 8400Φ600 展开尺寸 6000Φ8000<br>需租用大型吊机施工，工人施工面高度1800 | ¥ 1000 | x8 | 8h×3000m² |
| | 基础-地基接固 | 基础预埋钢板与地基预埋钢板栓接<br>地梁钢索拉结 | ¥ 1000 | | 1h×200m² |
| | 单体拼接与防水 | 顶部钢索穿接 | ¥ 1000 | | 1h×200m² |

## 7.总平面图

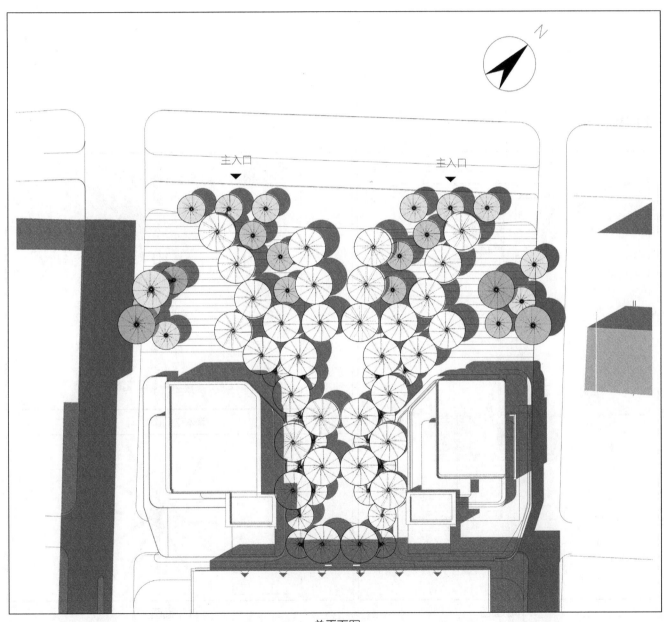

主入口　　　　　　　　　　　主入口

总平面图

# 8. 技术大样

## （1）单体大样

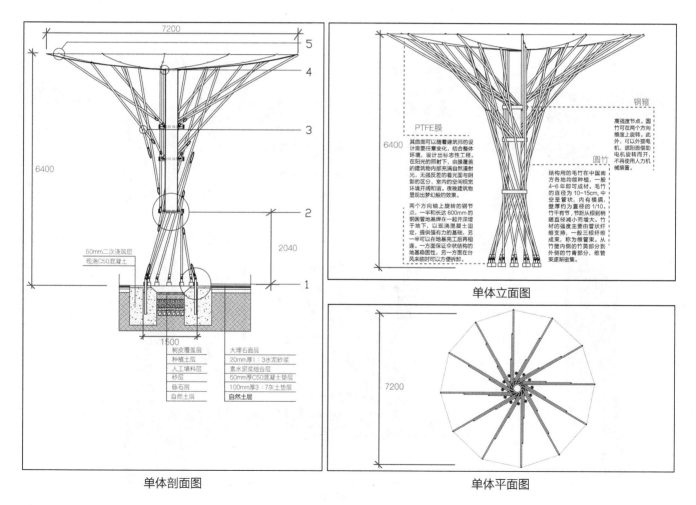

单体剖面图

单体立面图

单体平面图

## （2）节点大样

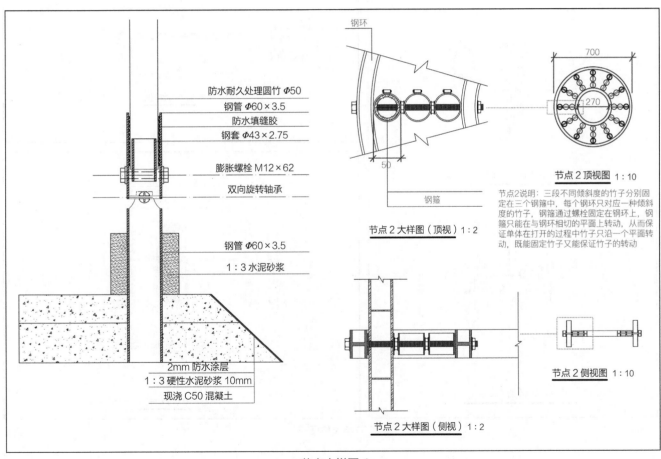

防水耐久处理圆竹 Φ50
钢管 Φ60×3.5
防水填缝胶
钢套 Φ43×2.75

膨胀螺栓 M12×62

双向旋转轴承

钢管 Φ60×3.5

1：3 水泥砂浆

2mm 防水涂层
1：3 硬性水泥砂浆 10mm
现浇 C50 混凝土

钢环

700
270
50

节点2顶视图 1:10

节点2说明：三段不同倾斜度的竹子分别固定在三个钢箍中，每个钢环只对应一种倾斜度的竹子，钢箍通过螺栓固定在钢环上，钢箍只能在与钢环相切的平面上转动，从而保证单体在打开的过程中竹子只沿一个平面转动，既能固定竹子又能保证竹子的转动

钢箍

节点 2 大样图（顶视）1:2

节点 2 侧视图 1:10

节点 2 大样图（侧视）1:2

节点大样图 1

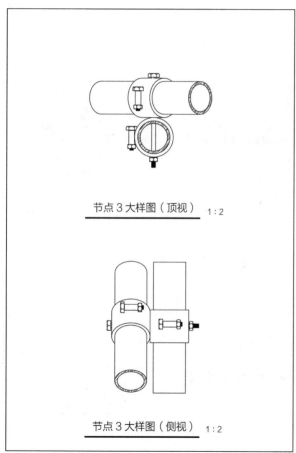

节点 3 大样图（顶视）　1 : 2

节点 3 大样图（侧视）　1 : 2

节点大样图 2

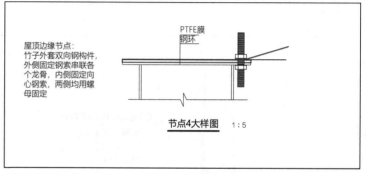

屋顶边缘节点：
竹子外套双向钢构件，
外侧固定钢索串联各
个龙骨，内侧固定向
心钢索，两侧均用螺
母固定

PTFE膜
钢环

**节点4大样图**　1 : 5

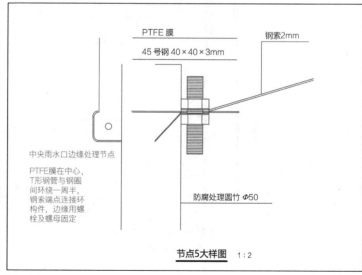

PTFE 膜

45 号钢 40 × 40 × 3mm

钢索2mm

中央雨水口边缘处理节点

PTFE膜在中心，
T形钢管与钢圈
间环绕一周半，
钢索端点连接环
构件，边缘用螺
栓及螺母固定

防腐处理圆竹 Φ50

**节点5大样图**　1 : 2

## 9.预期效果

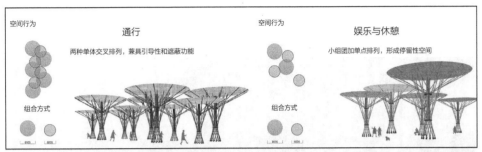

| 空间行为 | 通行 | 空间行为 | 娱乐与休憩 |
|---|---|---|---|
| | 两种单体交叉排列，兼具引导性和遮蔽功能 | | 小组团加单点排列，形成停留性空间 |
| 组合方式 | | 组合方式 | |

效果不同

夜晚，广场汇聚伞下成了人们休憩娱乐的场所，配合灯光效果，让整个商业空间充满活力

沿街的成列单体实现了广场与马路的区分与过渡，与绿化相配合，美化了周边的街道环境

# 任务书：实验室南立面遮阳设计

## 1. 设计背景

　　课题选择华南理工大学五山校区亚热带建筑与城市科学国家重点实验室 A 栋，对其南立面遮阳系统进行改造。目前，南立面遮阳系统采用垂直遮阳板 + 水平遮阳板的形式，其中垂直遮阳效果不理想，水平遮阳板遮阳效果较好，但影响视线和通风。综合上述分析，设计团队认为采用活动遮阳板对 A 栋南立面是较为理想的遮阳设计选择。本设计的目标在于提供一种可供推广的设计思路，须考虑标准化及适应性问题。

## 2. 设计要求

　　①外窗尺寸按 CAD 里面的尺寸。
　　②注意要方便手动操作。
　　③设施安装在窗户的室外一侧，可结合外墙飘板等建筑构件设计，兼顾建筑立面造型效果。
　　④可结合外窗做成整体式设计。
　　⑤成果要求包含使用材料说明，基本构造原理及大致 SketchUp 模型，简要的技术图纸。

## 3. 成果要求

　　以 3 名学生为一小组进行专题设计研究，按照最终汇报作业提交内容，包括整体（小组设计）+ 局部（个人设计）+ 案例调研 3 部分。

## · 优秀作业案例 ·

### 2016 级本科生

#### 浮动山水

曾译萱　陶　阳　郭璞若

### 2018 级本科生

#### 南向可调节遮阳设计

王皓哲　刘雨晴　刘嘉瑜

#### Elevation H

陈可凡　谭智贤　俞欣江

扫码免费
获取资源

# 浮动山水

曾译萱　陶　阳　郭璞若

　　本方案兼顾美观与实用的需求，将实验室南立面设计为可由用户根据天气情况自由手动调节的活动遮阳装置。用户可以通过手摇构件，实现遮阳板的旋转、平移，满足不同时间段的个性化使用需求。

方案效果

## 1. 背景调研

亚热带建筑与城市科学全国重点实验室 A 栋采用的遮阳系统属于外部式、可活动的金属智能遮阳系统，结合了建筑物的外立面设计，采用金属智能遮阳板系统，调节室内空间光照需求、减少阳光照射，从而达到隔热、降低空调能耗的效果。

### 使用现状

南向遮阳板由于建造年份较早，使用时间较长，现存各种问题，主要有如下几点：

①电动机械设备老化：外部金属智能遮阳板由于机电设备老化的原因，已经四五年没有使用，室内遮阳依靠手动卷帘。

②墙体污渍，影响美观：金属遮阳板与内部玻璃窗之间没有较好的防雨措施，雨水容易飘进，使得遮阳板及墙体外部有污渍现象。

③南立面与东立面交接生硬：南立面为智能遮阳板，东立面为垂直绿化爬藤，两者之间没有综合考虑，交接部位构造较为生硬。

### 问题解决

①满足室内人员办公的采光需求，在不影响工作前提下尽可能扩大景观视野，避免眩光与过强烈的阳光。

②改装为手动遮阳装置，并综合考虑遮阳板的重量与联动构件问题，保证一个人可轻松推动遮阳装置。

③东立面考虑垂直绿化技术，并进行适当美化，呼应华南理工大学整体的校园氛围。

现状

## 2. 设计理念

### （1）设计概念

　　"云山苍苍，珠水泱泱。华工吾校，伟人遗芳。"校歌里这样唱到。取山以形，取水以意，将山水图景作为主要元素，通过参数化设计，将遮阳片整体效果处理为波动起伏的曲线。

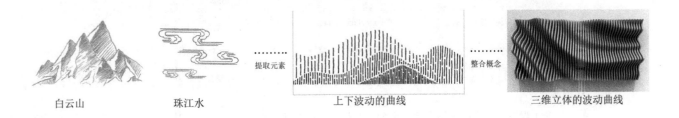

| 白云山 | 珠江水 | ……提取元素…… 上下波动的曲线 | ……整合概念…… 三维立体的波动曲线 |

### （2）生成逻辑

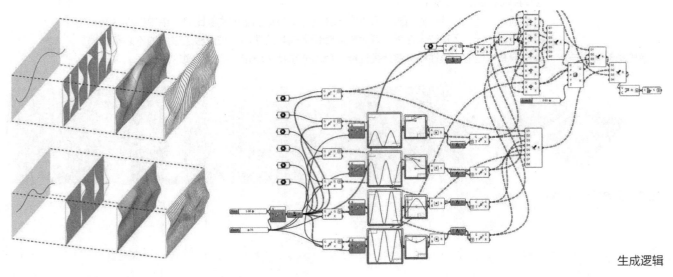

生成逻辑

# 3. 材料选择

遮阳单元轴测示意

### 单块板材参数表

| | |
|---|---|
| 材料 | 铝镁合金 |
| 型号 | 6061 |
| 处理方式 | 预辊涂法 |
| 材料规格 | 2000mm×50mm×2mm |
| 密度 | 2.9g/cm³ |
| 加工工艺 | 冷轧 |

### 中空遮阳板参数表

| | |
|---|---|
| 高度 | 2300mm |
| 长度 | 50~400mm（变截面） |
| 厚度 | 20mm |
| 重量 | 1.07~8.53 kg |
| 表面处理 | 聚酯、氟碳、耐色光 |
| 颜色 | 仿木纹拉丝 |

6061 铝镁合金中的主要合金元素为镁及硅，具有中等强度，良好的抗腐蚀性，可焊接性，氧化效果好，广泛应用于有一定强度要求和抗腐蚀性高的各种工业、建筑结构件。

选择预辊涂铝镁合金板的原因：

① 制造成本低、价格优势明显。每平方米预辊涂铝单板制造成本要比喷涂铝单板少 30~40 元。

② 物流成本低、运输安全性高。可大幅度降低运输物流费用，减少搬运过程的不必要耗损。

③ 材料有极佳的耐候性和抗紫外线性能，色彩非常持久稳定，能经受风吹日晒。

铝镁合金单板材料示意

## 4.设计策略

### 旋转与平移

　　5片遮阳片组成一品框架，可通过联动装置实现平移推拉，也可通过联动装置任意旋转 0~180°。

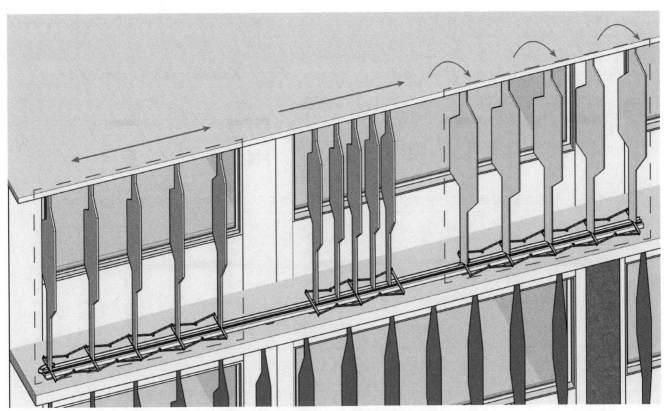

遮阳片组成一品框架，任意旋转角度后的效果

## 5. 气候适应

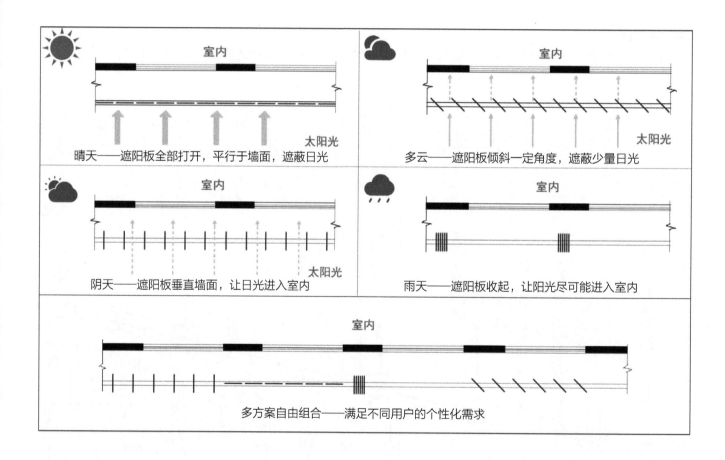

晴天——遮阳板全部打开，平行于墙面，遮蔽日光

多云——遮阳板倾斜一定角度，遮蔽少量日光

阴天——遮阳板垂直墙面，让日光进入室内

雨天——遮阳板收起，让阳光尽可能进入室内

多方案自由组合——满足不同用户的个性化需求

# 6.活动遮阳

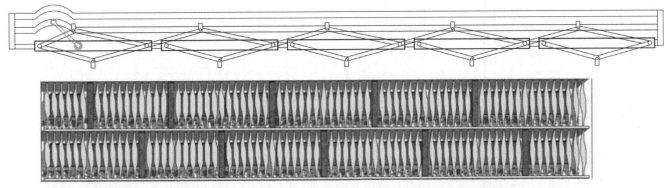

立面效果图——晴天——遮阳板全部打开，平行墙面，遮阳效果最大

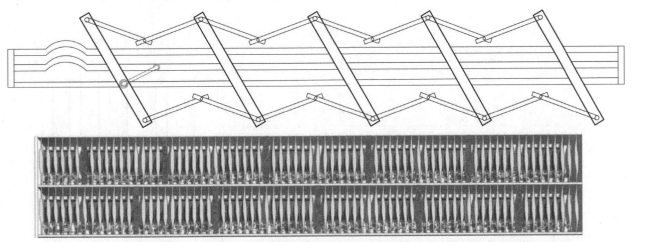

立面效果图——多云——遮阳板倾斜一定角度，根据不同工作环境需求自由调节

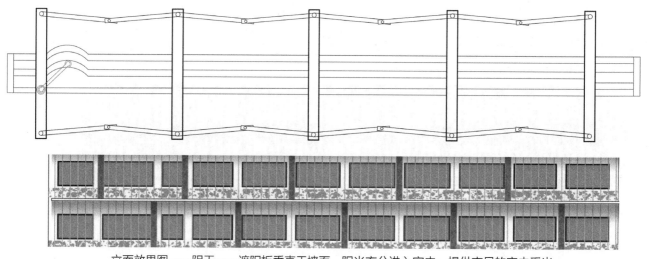

立面效果图——阴天——遮阳板垂直于墙面，阳光充分进入室内，提供充足的室内采光

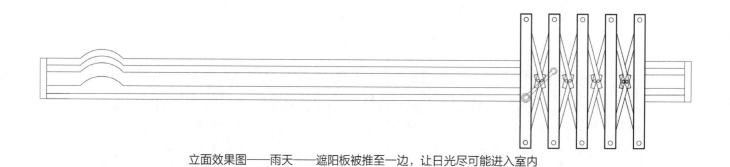

立面效果图——雨天——遮阳板被推至一边，让日光尽可能进入室内

## 7.视线分析

晴天采光效果

阴天采光效果

雨天采光效果

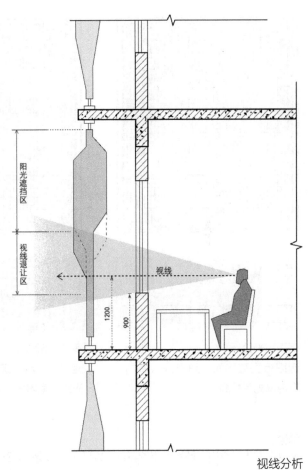

阳光遮挡区

视线退让区

视线

1200

900

视线分析

## 8. 采光分析

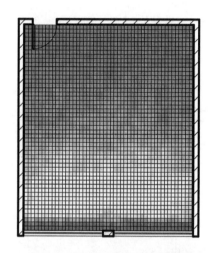

阴天采光分析
遮阳板垂直墙面，阳光进入室内，
室内采光系数高。

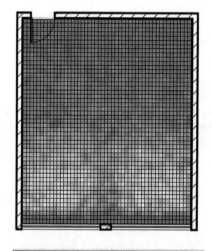

多云采光分析
遮阳板倾斜一定角度，遮蔽一部分
光线，室内采光系数适中。

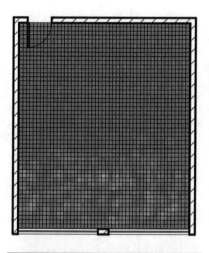

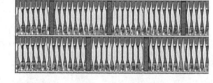

晴天采光分析
遮阳板平行墙面，遮阳效果最大，
室内采光系数较低。

结论：
从以上图表可看出，随着云量的减少，太阳天光的增高，室内采光系数降低，遮阳板利用率增高。

# 9.构造节点

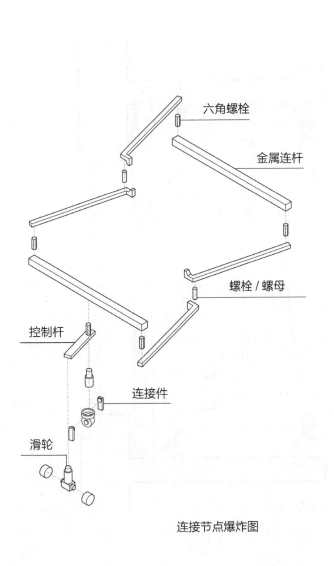

六角螺栓

金属连杆

螺栓 / 螺母

控制杆

连接件

滑轮

连接节点爆炸图

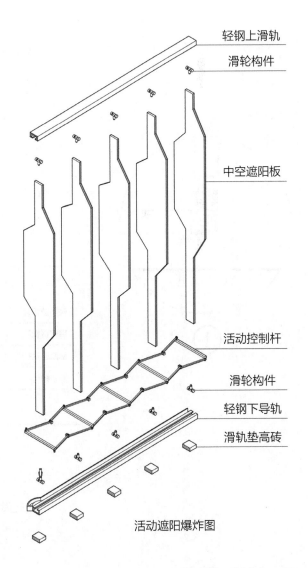

轻钢上滑轨

滑轮构件

中空遮阳板

活动控制杆

滑轮构件

轻钢下导轨

滑轨垫高砖

活动遮阳爆炸图

# 10. 墙身大样

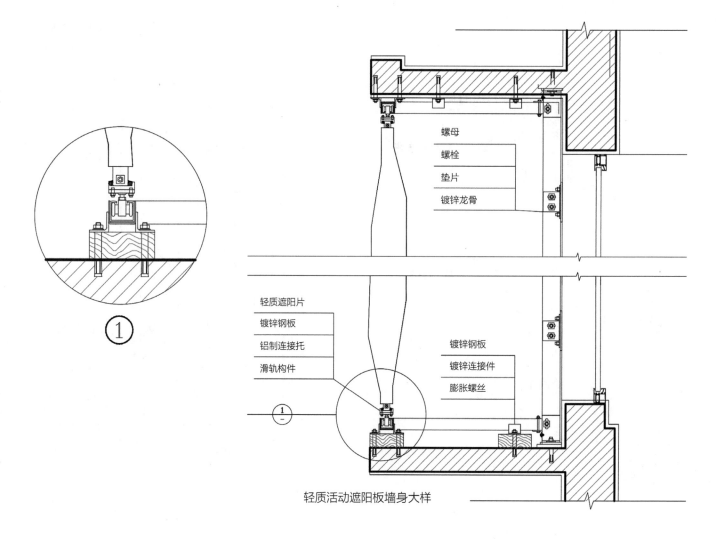

① 

螺母
螺栓
垫片
镀锌龙骨

轻质遮阳片
镀锌钢板
铝制连接托
滑轨构件

① 

镀锌钢板
镀锌连接件
膨胀螺丝

轻质活动遮阳板墙身大样

# 11. 阳角大样

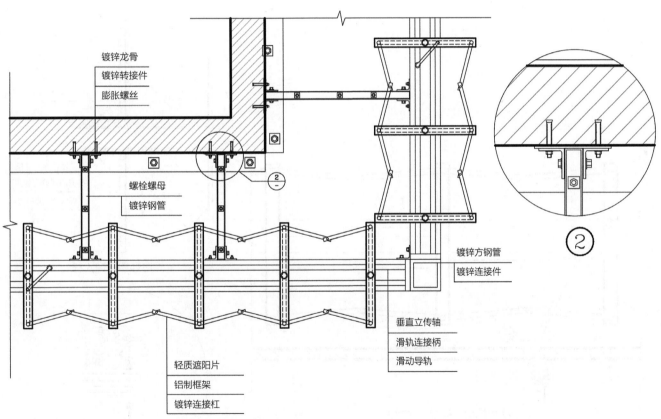

镀锌龙骨
镀锌转接件
膨胀螺丝

螺栓螺母
镀锌钢管

镀锌方钢管
镀锌连接件

垂直立传轴
滑轨连接柄
滑动导轨

轻质遮阳片
铝制框架
镀锌连接杠

②

轻质活动遮阳板角节点图

## 12. 手摇把柄大样

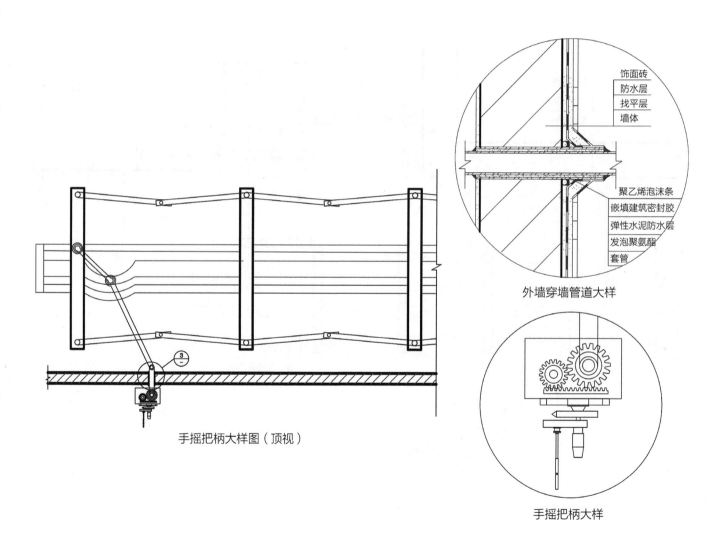

饰面砖
防水层
找平层
墙体

聚乙烯泡沫条
嵌填建筑密封胶
弹性水泥防水层
发泡聚氨酯
套管

外墙穿墙管道大样

手摇把柄大样图（顶视）

手摇把柄大样

## 13. 种植立面

每个绿化单元里种植适宜岭南气候特征的植物，美化南向立面。

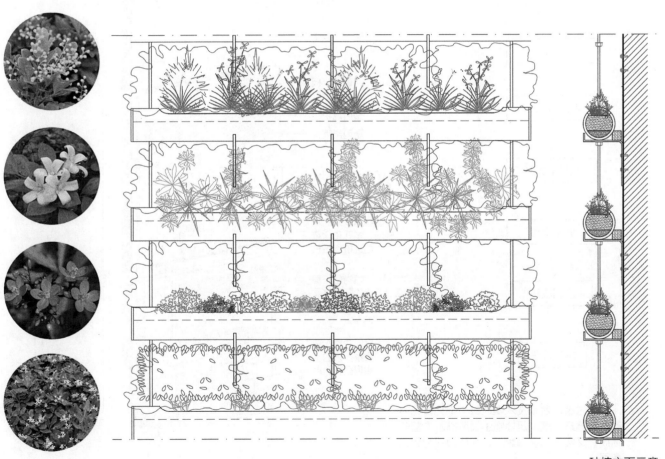

种植立面示意

# 14. 垂直技术

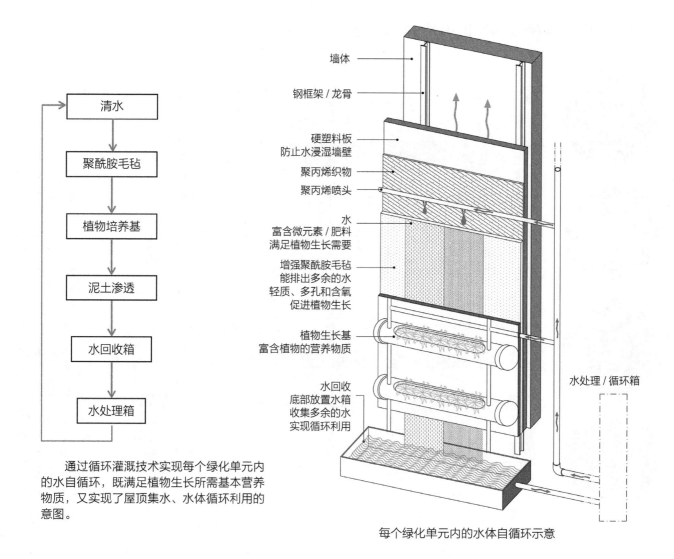

清水

↓

聚酰胺毛毡

↓

植物培养基

↓

泥土渗透

↓

水回收箱

↓

水处理箱

通过循环灌溉技术实现每个绿化单元内的水自循环，既满足植物生长所需基本营养物质，又实现了屋顶集水、水体循环利用的意图。

墙体

钢框架 / 龙骨

硬塑料板
防止水浸湿墙壁

聚丙烯织物

聚丙烯喷头

水
富含微元素 / 肥料
满足植物生长需要

增强聚酰胺毛毡
能排出多余的水
轻质、多孔和含氧
促进植物生长

植物生长基
富含植物的营养物质

水回收
底部放置水箱
收集多余的水
实现循环利用

水处理 / 循环箱

每个绿化单元内的水体自循环示意

## 15. 垂直绿化墙身大样

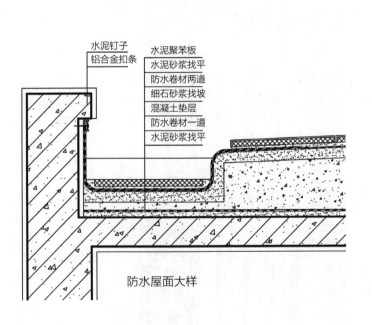

水泥钉子
铝合金扣条

水泥聚苯板
水泥砂浆找平
防水卷材两道
细石砂浆找坡
混凝土垫层
防水卷材一道
水泥砂浆找平

防水屋面大样

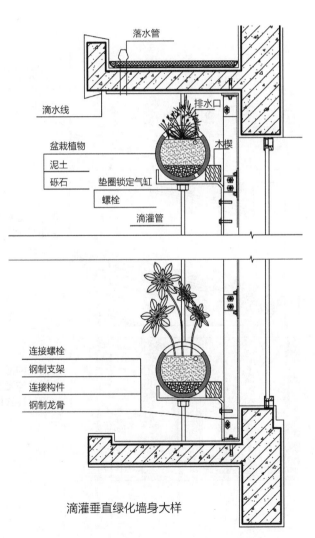

落水管

滴水线

排水口

盆栽植物
泥土
砾石

木楔

垫圈锁定气缸
螺栓

滴灌管

连接螺栓
钢制支架
连接构件
钢制龙骨

滴灌垂直绿化墙身大样

## 16. 安装过程

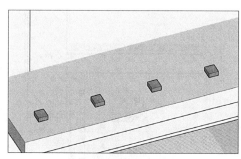
①楼面板进行防水处理，铺设导轨垫块。

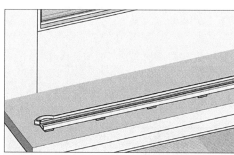
②安装轻钢龙骨，并架设轻钢导轨。

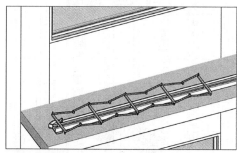
③导轨上安装活动滑轮以及连接杆件。

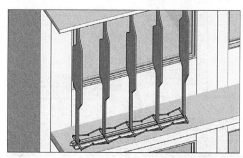
④安装遮阳板，并安装室内外联动手柄装置。

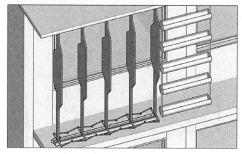
⑤安装种植培养基管与灌溉水管等管线设施。

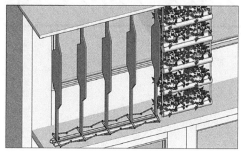
⑥种植植物并进行相应的防水构造处理。

安装过程

## 17. 模型照片

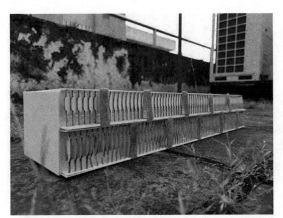
透视 1

透视 2

立面 1

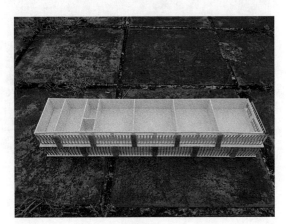
透视 3

## 18. 节点照片

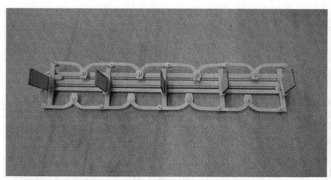

状态 1　遮阳板完全打开

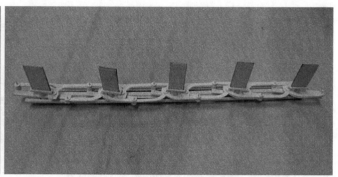

状态 2　遮阳板推拉过程状态

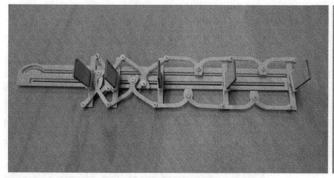

状态 3　遮阳板推拉过程

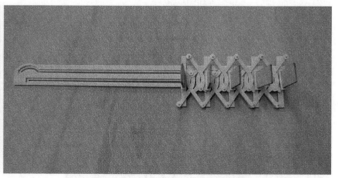

状态 4　遮阳板完全关闭

# 南向可调节遮阳设计

王皓哲　刘雨晴　刘嘉瑜

方案效果

## 1. 背景调研

### 存在问题

　　亚热带建筑与城市科学全国重点实验室 A 栋南立面略微偏西，以南向日照为主，有西晒现象。现有遮阳构件不能阻挡西晒，南向遮阳能力也有限，导致室内仍需安装百叶。现有遮阳构件的位置和角度在某些角度上阻挡视线。同时，建筑绿化环境堪忧。

A 栋南立面实景

### 遮阳需求

　　需要在兼顾遮挡西晒和南向阳光的需求下，保证室内工作人员与室外环境的视线交流通畅；保证五、六层改造后立面与其他楼层立面整体协调。因此，我们需要能够方便调节角度的可调节遮阳构件来满足使用者对于建筑遮阳效果的需求。

A 栋所在场地示意

### 遮阳构件选型

　　综上所述，我们决定采用铝制穿孔板为遮阳构件的主要材料，将固定穿孔板改为圆形旋转式可调节穿孔板，并安装圆形轨道来达成角度可调节、视线可交流、遮阳可高效的目标。

A 栋遮阳效果模拟示意

## 2.案例调研

Kiefer Technic Showroom
遮阳板垂直折叠

Berlin GSW 大厦
遮阳板水平折叠

The Klotski 办公楼
遮阳板竖向移动

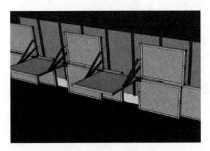

GMP and details 竞赛作品
遮阳板横向移动

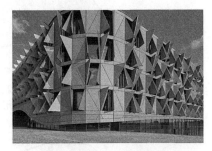

Scott Sports 公司新总部
三角形遮阳板通过旋转拼合

怀来住宅建筑
平面遮阳板旋转

"七重花园"办公楼
弧形遮阳板转动

阿布扎比投资委员会新总部大楼
模仿六边形窗花控制遮阳构件

杭州来福士中心
鳞片状铝砖遮阳构件

## 3.设计概念

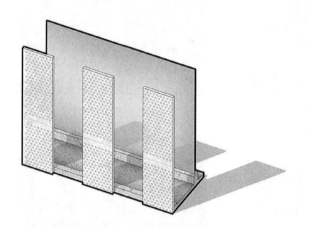

1. 根据现有遮阳构件进行改造，需要兼顾已有立面，尽量美观和谐。

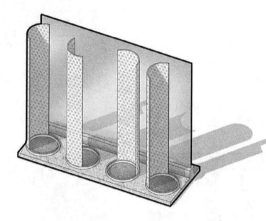

2. 将固定穿孔板改为圆形旋转式可调节穿孔板，并安装圆形轨道。

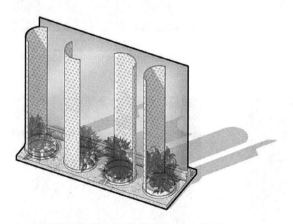

3. 利用圆形轨道中间的多余部分，放置绿化花盆，栽种绿植改善自然环境。

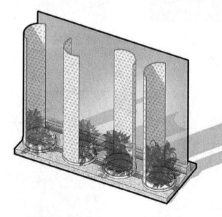

4. 混凝土挑板下凹，形成排水沟渠，兼顾雨水和种植排水。

设计概念

## 4.方案图纸

### （1）平面图

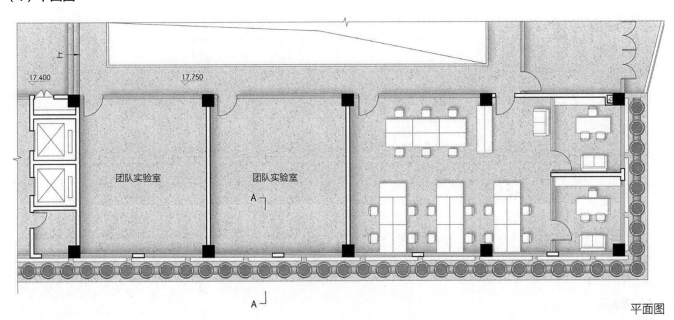

平面图

### （2）模型照片

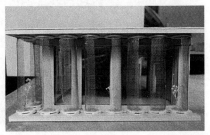

模型

## （3）立面图

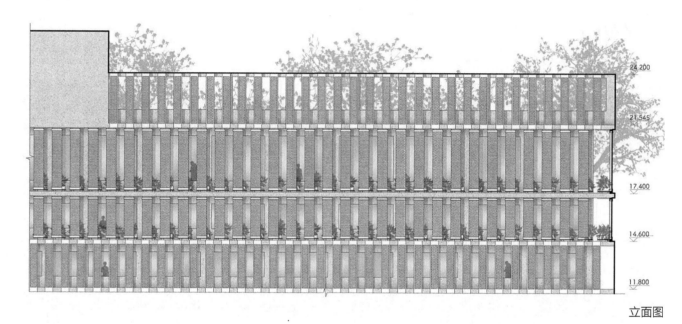

24.200

21.545

17.400

14.600

11.800

立面图

## （4）透视图

透视图

## （5）剖面图

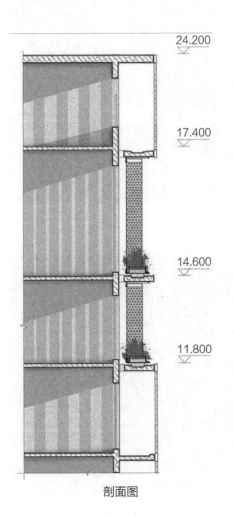

24.200

17.400

14.600

11.800

剖面图

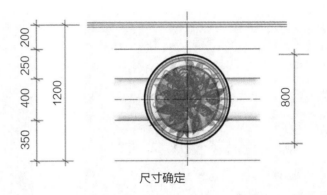

尺寸确定

根据人手可以伸出的距离和遮阳构件常见尺寸，将圆形轨道直径定为800mm，方便调节同时有效遮阳。在混凝土板与玻璃之间留200mm空隙以便空气流通，便于降温。

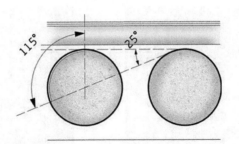

单体间关系确认

根据遮影图表现，轨道圆心和相邻轨道切线角度为25°，由此轨道间距离应为1000mm。同时遮阳穿孔板取115°圆弧的长度800mm，可以有效进行南向遮阳和阻挡西晒。

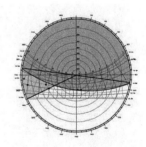

绘图表现

根据广州太阳轨迹图，建筑南向遮阳应该遮住3~10月12：00~17：00的阳光，绘出遮影图，作为后面角度设计的参考。

## 5. 遮阳模拟

改善前 12：00

改善前 17：00

改善后 12：00

改善后 17：00

## 6. 节点处理——开启模式

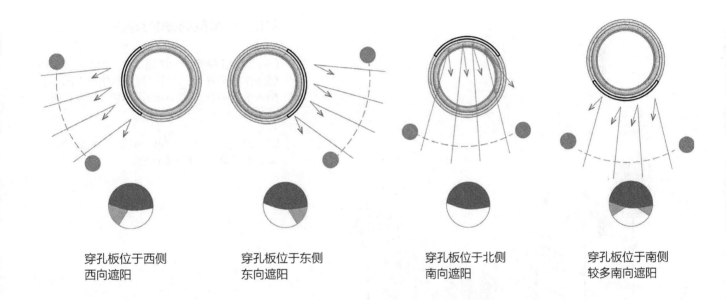

穿孔板位于西侧
西向遮阳

穿孔板位于东侧
东向遮阳

穿孔板位于北侧
南向遮阳

穿孔板位于南侧
较多南向遮阳

## 7. 节点处理——排水设计

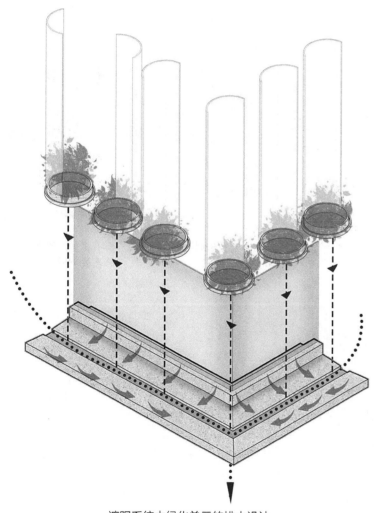

遮阳系统中绿化单元的排水设计

### 绿化、雨水排水系统相互连通

（1）混凝土挑板中间凹陷，作为排水沟渠，两侧向中间倾斜5%，可以有效将挑板上的雨水引入中间沟渠。同时种植排水也可以直接排入沟渠中。

（2）沟渠略有角度，向转角倾斜，在转角处汇集，最后通过雨水管道排出。

## 8. 节点处理——上部连接处

**可调节遮阳构件上部连接处：**

　　上部连接处以滑轨为主，参考滑动门采用上承重的构造方式，将构件吊起，承接重量；同时起到限制滑动和减小摩擦力的作用。在安全可行前提下，为美观处理，尽量将穿孔板与混凝土连接处缩短。

**转角处固定（不可调节）遮阳构件上部连接处：**

　　固定处遮阳构件采用较为简单的方式将穿孔板与混凝土板连接，将遮阳构件吊起，承接构件重量，简单美观且安全可行。

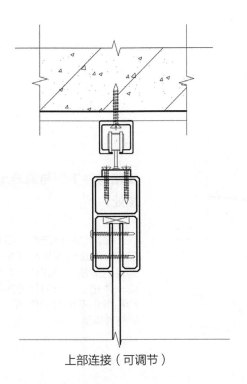

上部连接（可调节）

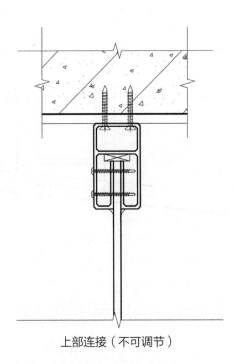

上部连接（不可调节）

# 9. 节点处理——下部连接

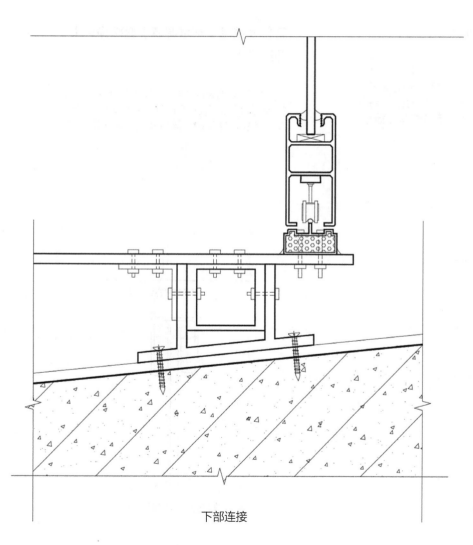

下部连接

**遮阳构件下部与混凝土挑板连接处:**

采用"柱板结构"钢构件构成节点,通过金属板材连接支撑柱和构件的滑轨,并兼作花坛底座,形成一体化。下部的轨道起到限制滑动和减小摩擦力的作用,不承受遮阳构件重量。

# Elevation H

陈可凡　谭智贤　俞欣江

　　本方案为亚热带建筑与城市科学全国重点实验室 A 栋五、六层南侧立面遮阳设计，为兼顾遮阳效果和视线通透性以及立面整体性，本方案采用穿孔板百叶为主遮阳构件，再将竖向百叶分为三段式，根据全年不同时刻光环境的不同以及室内人员的不同需要实现个性化开启。

方案效果

# 1. 实地调研及现状分析

## 场地使用现状

①内窗常年关闭，调研时尝试开启，可感受很强热空气传入室内。
②窗帘时常为放下状态，以减少外界对室内的热辐射。
③现有立面遮阳设计无法满足室内对遮阳、通风两方面的要求。

## 场地实际问题

①双层窗设计未充分考虑实际使用，内外窗开启关闭互相影响。
②通风效果较差，双层立面内空气不流通，形成类似"温室"的不利微气候环境，热空气以热传递的形式进入室内。
③立面设置太阳能自控外遮阳系统，遮阳能力不足，一年中存在炎热环境时正午阳光直射入室内时刻。

## 使用者访谈

为了进一步了解空间使用情况，我们对六楼房间内老师及同学进行了现场访谈，以下为部分内容收集。
"内外两层窗户，不清楚这么设计的原因是什么。"
"南方不充分设计遮阳，却选择做双层窗，比较奇怪。"
"通风是比较大的问题，因为温度太高，平时基本没开过窗。"
"有时候光线直射入室内，会是一年中最不舒适的时刻之一。"

场地现状

## 2. 日照分析及光环境模拟

### 日照分析

确定月份：遮挡 5~10 月直射太阳辐射，其余月份部分透过。
确定时刻：中午 12：00 南立面太阳辐射最强且气温较高，为主要遮阳时刻。

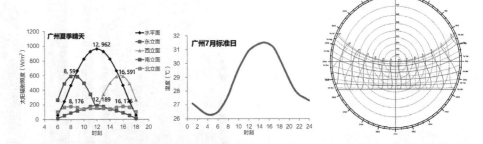

### 光环境模拟

右图时刻：10 月 1 日 12：00 a.m.
此时：部分外墙有阳光直射，且通过屋面楼板反射，向室内辐射大量热量。同时，据调研时获得反馈可知，此时阳光对室内影响极大。

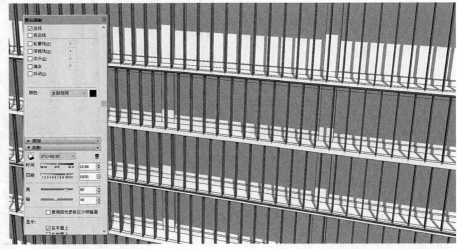

日照分析和光环境模拟

## 3.调研总结

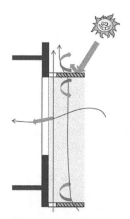

遮阳系统的设计思路

### 设计思路及改良方向

①改善通风能力，室内外可充分利用自然通风，并利用其带走外立面与外窗间被加热的空气。

②设计加入水平遮阳因素，提升系统遮阳能力，满足南立面遮阳要求。

③为减少遮阳构件对视线通透性的影响，尽可能采用活动构件遮阳，以适应不同需求。

④针对广州太阳轨迹图设计遮阳系统，提升设计的科学严谨性。

实地调研

## 4. 方案设计

为兼顾遮阳效果与视线内外通透性，同时保证立面竖向构造形式相对统一、不破坏原有立面设计，设计将竖向百叶分为三段，可依据全年不同时刻以及使用者自身需求实现手动调节的个性化。

同时材料方面选择穿孔板与百叶结合的构造方式，以同时满足立面对于遮阳和视线通透、通风的需求。考虑层高模数关系，五层百叶分为上下两段。

在百叶与内窗间做绿化设计，提升遮阳效果的同时给立面带来变化，且减低室外热量向室内的传入。

A 栋南立面遮阳系统实景

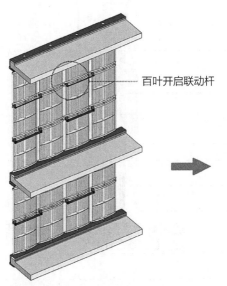

百叶开启联动杆

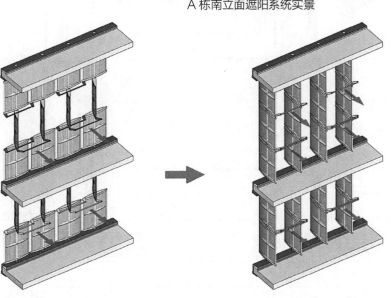

遮阳系统结合使用者需求实现手动调节示意

## 5. 不同气候开启方式

低太阳高度角无须采暖（3~4月）百叶关闭，阻挡全部太阳辐射，但视线受阻。
高太阳高度角（5~10月）中间百叶开启，保证遮阳同时保证视线通透。
低太阳高度角需采暖（11月～来年2月）百叶全开启，视线最通透，采暖。

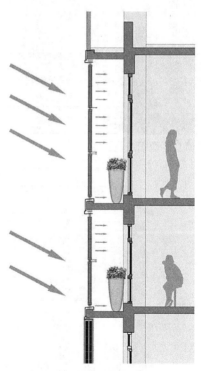 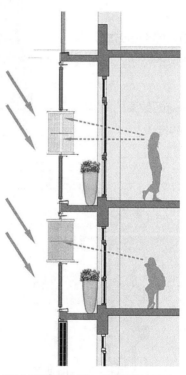 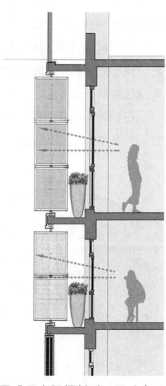

低太阳高度角时百叶关闭，通过　　高太阳高度角时，局部百叶开启，　　阴天或无太阳辐射时，百叶全开
孔板通风　　　　　　　　　　　　通风采光　　　　　　　　　　　　启，视线通透性最佳

# 6. 主构件分解图

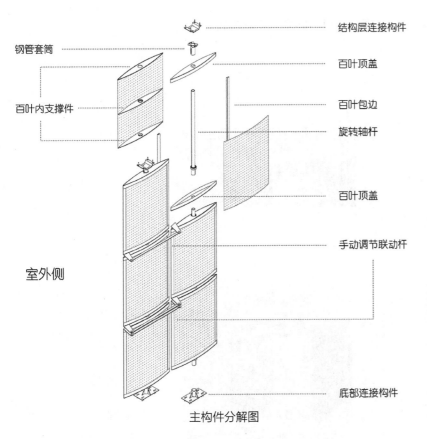

结构层连接构件

钢管套筒

百叶顶盖

百叶内支撑件

百叶包边

旋转轴杆

百叶顶盖

室外侧

手动调节联动杆

底部连接构件

主构件分解图

构件效果图

## 7. 通风模拟

　　构件有较好的通风能力，一定程度上利用自然通风，且百叶全开启状态较百叶全封闭状态可获得更好通风效果。

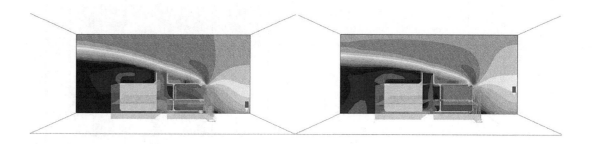

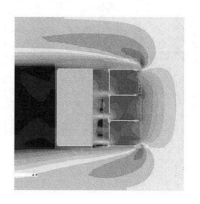
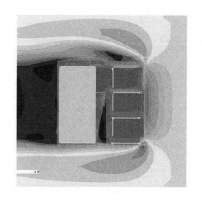

百叶全开启状态通风模拟　　　　　　　　　百叶全封闭状态通风模拟

## 8. 太阳辐射模拟

模拟室内太阳辐射，以房间内各位置年日照小时为评价标准，绘制以下模拟图。

可见在百叶全封闭、百叶半开启、百叶全开启三种不同状态下，室内受辐射程度有极大差别，在百叶全封闭状态下有较好的遮阳效果，适合于日照强度高的时刻；半开启或全开启状态则更适合日照强度弱，且对通风有一定要求的时刻。

带遮阳系统的室内办公空间效果

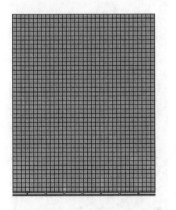

百叶全封闭状态

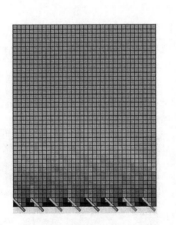

百叶半开启状态

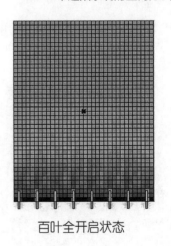

百叶全开启状态

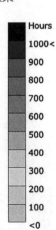

Hours

1000<
900
800
700
600
500
400
300
200
100
<0

## 9. 整体绿化设计

穿孔板百叶与窗间留足较大空隙，利于层间通风的同时在下部设绿化部分。

可利用植物的蒸腾作用带走间层空气热量，减少室外对室内热传递，同时绿植也起到点缀立面效果的作用，与屋面绿植呼应，使立面完整的同时富有变化。

由于靠近外窗，便于室内接触，给室内人员带来更好的自然环境。

银边草

红苞喜林芋

鹅掌藤

绿化设计

## 10. 平面图及立面图

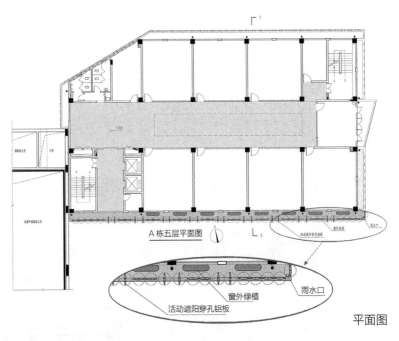

A栋五层平面图

活动遮阳穿孔铝板　　窗外绿植　　雨水口

平面图

立面图

# 11. 主体结构剖面图

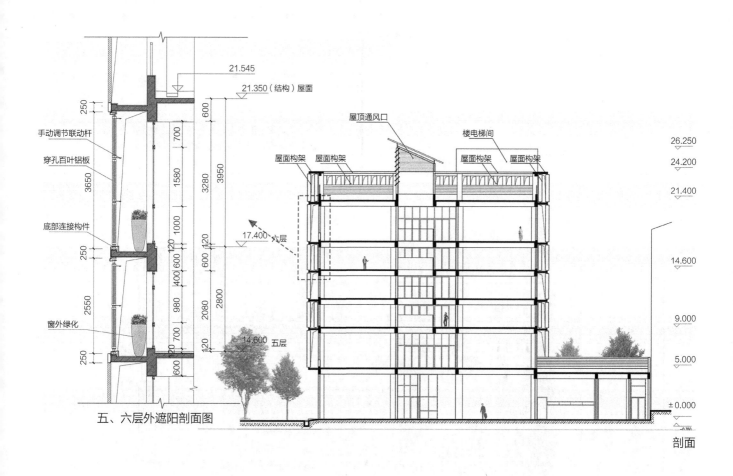

21.545

21.350（结构）屋面

250

手动调节联动杆

穿孔百叶铝板

3650

底部连接构件

250

窗外绿化

2550

250

700
1580
1000
400 600
980
600

600
3280
3950
600
2080
2800
120 600 120
120

屋顶通风口

楼电梯间

屋面构架    屋面构架          屋面构架    屋面构架

17.400 六层

14.600 五层

14.600 五层

五、六层外遮阳剖面图

26.250
24.200

21.400

14.600

9.000

5.000

±0.000
-0.350

剖面

## 12. 节点处理——百叶与檐口

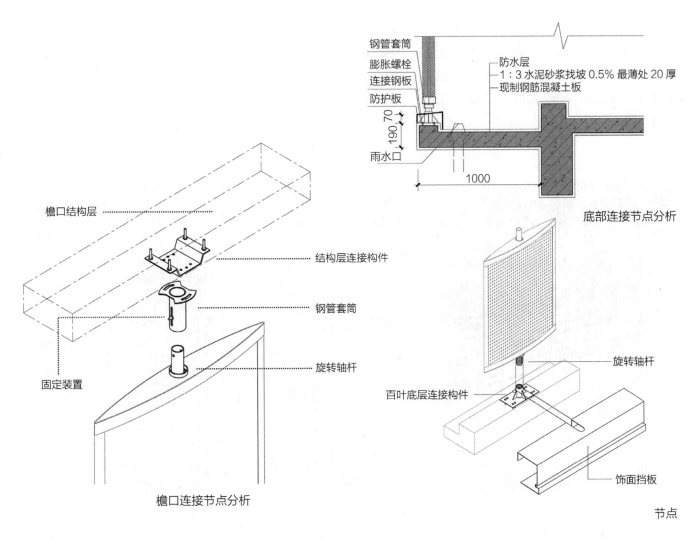

钢管套筒
膨胀螺栓
连接钢板
防护板

190 70

雨水口

防水层
1:3 水泥砂浆找坡 0.5% 最薄处 20 厚
现制钢筋混凝土板

1000

底部连接节点分析

檐口结构层

结构层连接构件

钢管套筒

旋转轴杆

固定装置

檐口连接节点分析

旋转轴杆

百叶底层连接构件

饰面挡板

节点

## 13. 节点处理——花池

　　花池处理方面，主要针对现实中可能出现的问题。花池大样设计中，用外花钵和网格内盆固定内部轻质特质土，上覆土壤覆盖物，保证植物正常生长。主要问题为排水，外花钵下部设排水口，上部设溢流口，以解决排水问题。

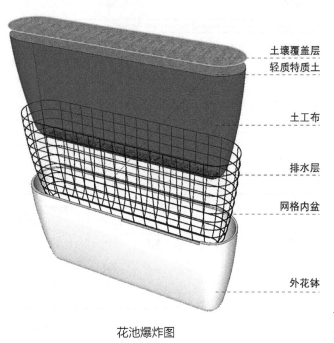

土壤覆盖层
轻质特质土

土工布

排水层

网格内盆

外花钵

花池爆炸图

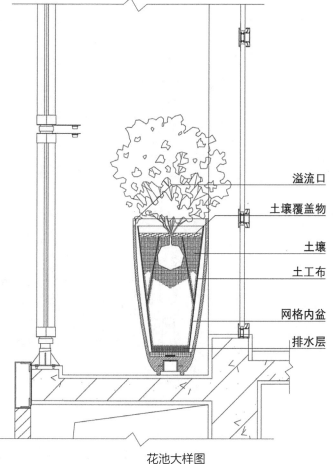

溢流口

土壤覆盖物

土壤

土工布

网格内盆

排水层

花池大样图

# 14. 节点处理——窗

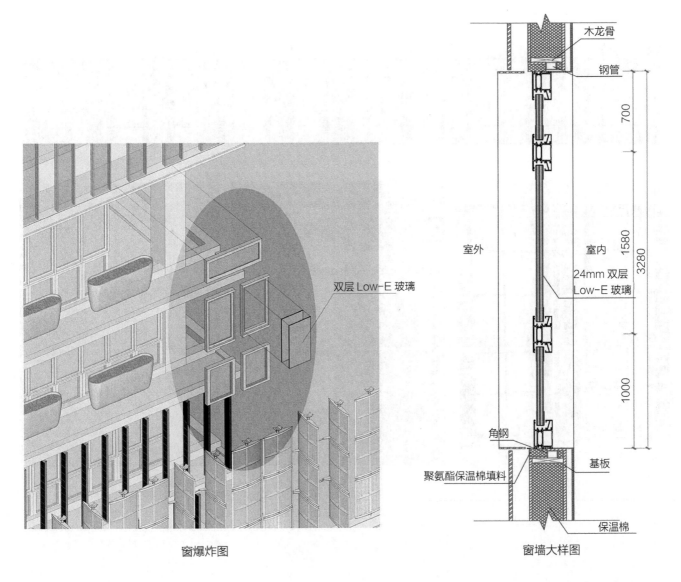

窗爆炸图

双层 Low-E 玻璃

木龙骨

钢管

室外　室内

24mm 双层
Low-E 玻璃

700

1580

3280

1000

角钢

基板

聚氨酯保温棉填料

保温棉

窗墙大样图

# 15. 模型照片

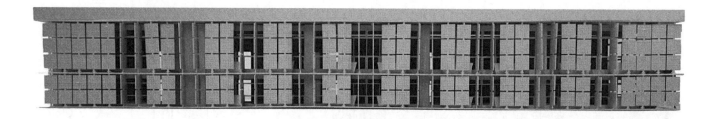

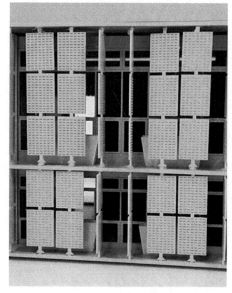

模型

# 任务书：海边观光小屋设计

## 1. 项目简介

为了满足日益增加的旅游需求，拟在湿热气候特征显著的亚热带地区的某海边风景区为外来游客建造一组用于旅游的临时性观光小屋。

## 2. 设计内容

单个建筑面积控制在 30~40m$^2$ 左右，设定基地有给水排水与强弱电等基础设置，内部功能需要满足临时的住宿、洗漱、淋浴与简易餐厨，服务对象为 1~2 人 / 间。

## 3. 设计要求

①设计应与海边生态环境融合。

②体现气候特色，强调观景的体验需求，可打开从而形成全 / 半开敞。

③选择合理的结构形式与建造材料，尽可能降低建造成本，不宜超过 6 万元 / 间。

④选择与设计理念紧密关联的关键部分进行细部设计。

## 4. 成果要求

①方案设计：总平面图（比例自定）、平立剖面图（1：50）、轴测图，实体模型 1 个（1：50）。

②构造设计：针对建筑围护界面，自行选择关键节点，绘出大样图纸（比例不小于 1：10），每人不少于 1 个，全组优选 1 个节点制作节点实体模型。

③建造构想与经济评价的图文表说明。

④阶段成果：在多组中选择若干组于课堂汇报。

# · 优秀作业案例 ·

## 2019 级本科生

### 海巢

温　健　刘　玥　邹雨恩　佟劲燃

### 泊舟小厝

杜靖源　邓　捷　曹凯竣

### 海边小屋

段书轩　钟　婧　张　羽　冯　虹

扫码免费
获取资源

# 海巢

温 健　刘 玥　邹雨恩　佟劲燃

　　设计由贴近自然的沉浸式观景体验出发，利用环形界面让使用者拥有全景视野。主要活动空间被置于二层，为首层灰空间带来更多可能性。为适应湿热气候环境，并考虑到使用者的舒适性，立面采用疏密变化的垂直百叶进行遮阳，中央则采用内窗与百叶辅助通风。设计采用中央束筒集成管线和设备，配合悬索和重木结构，为室内空间争取了最大的灵活性，而环形的透明界面将为使用者带来开阔的视野和移步换景的体验。

方案效果

## 1. 海巢效果图

夜景效果图

室内效果图 1

人视角效果图

室内效果图 2

## 2.海巢立面图

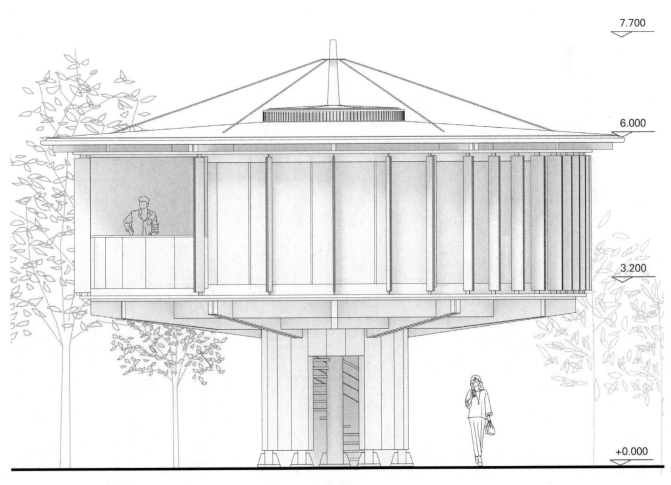

7.700

6.000

3.200

+0.000

立面图 1

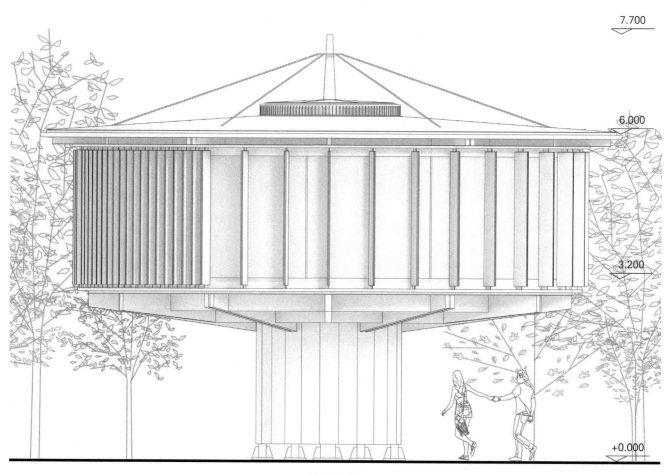

7.700

6.000

3.200

+0.000

立面图 2

## 3. 海巢剖面图

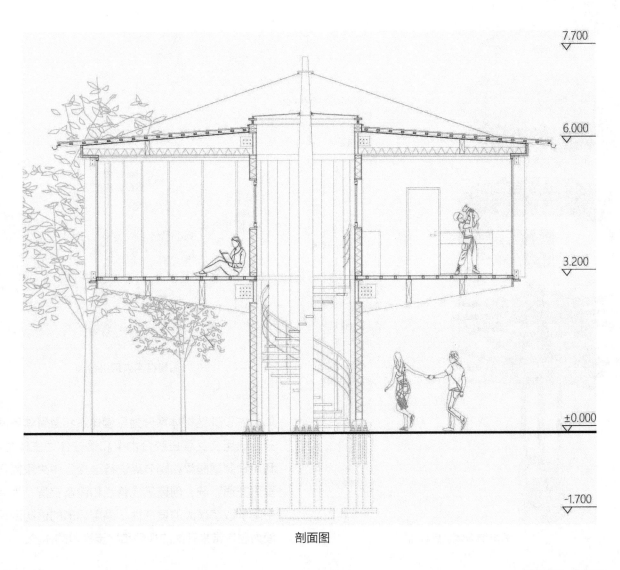

7.700

6.000

3.200

±0.000

-1.700

剖面图

## 4. 海巢结构体系拆解图

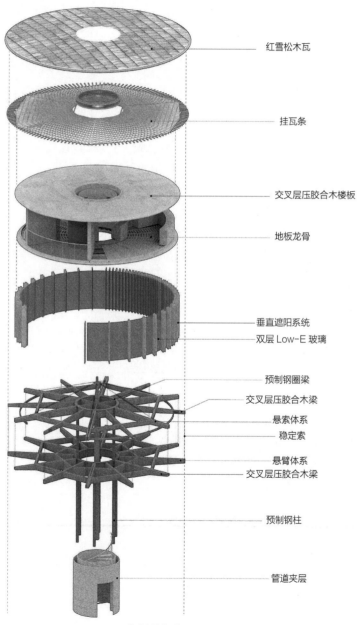

红雪松木瓦

挂瓦条

交叉层压胶合木楼板

地板龙骨

垂直遮阳系统
双层 Low-E 玻璃

预制钢圈梁
交叉层压胶合木梁
悬索体系
稳定索
悬臂体系
交叉层压胶合木梁

预制钢柱

管道夹层

海巢结构体系拆解图

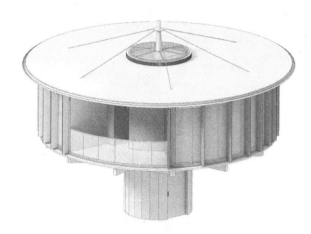

海巢结构体系拼合图

　　本设计结构体系分为悬索体系和悬臂体系两部分，选用交叉层压胶合木梁和钢柱作为主体材料，利用预制钢圈梁和刚节点进行连接，中央束筒容纳垂直交通系统，创造集成管线和设备夹层，为室内空间争取了最大的灵活性，采用环形的透明围护界面为居者带来开阔的视野和移步换景的体验。

## 5. 海巢建造过程设想

（1）钢柱　　（2）钢梁

（3）木梁

（4）楼板

（5）钢索

（6）地板龙骨

（7）地板面层

（8）屋顶龙骨

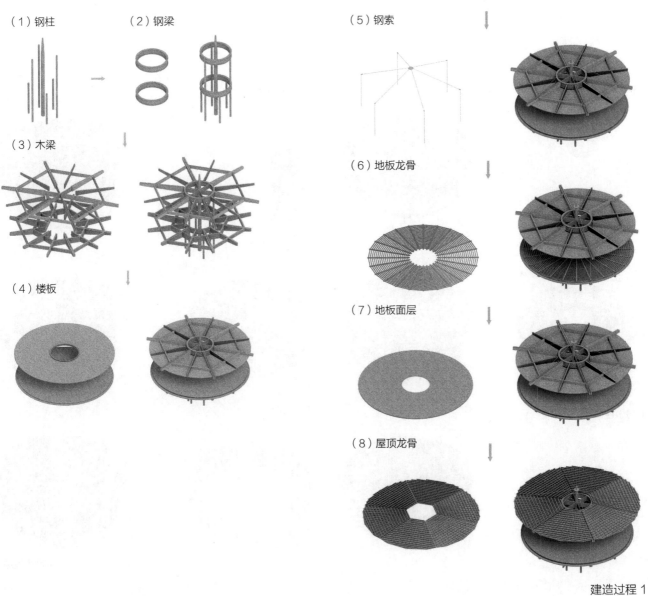

建造过程 1

（9）天窗

（12）核心筒维护

（10）屋顶成层

（13）房间内装

（11）楼梯

（14）百叶

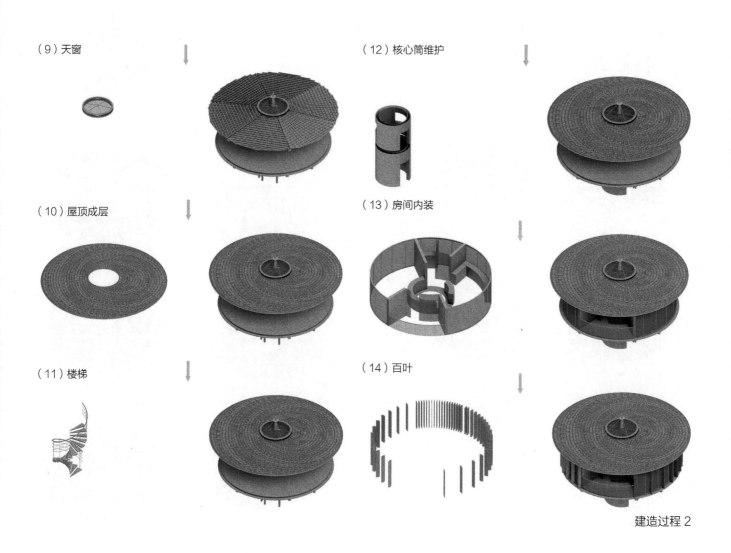

建造过程 2

# 泊舟小厝

杜靖源　邓　捷　曹凯竣

　　泊舟小厝提取了疍民船屋的特点：通过干阑架空得到开敞的下层空间，同时上下层区分开起居功能和必要生活功能；拱形的屋顶模仿船屋的形式，得到具有特点的室内空间效果，拱形的观景视角也更具特色；材料构造上，借鉴了船屋的木构形式，采用可回收的欧松板作为围护结构，体现了材料使用的绿色环保。

方案效果

# 1. 设计要素及项目基本概况

建筑面积：41m²

建筑高度：6.400m

结构类型：钢框架结构

可容纳人数：1~2 人

内部功能：住宿、洗漱、淋浴、简易餐厨

建筑所在地：广西壮族自治区北海市

建筑造价：约 6.97 万元 / 间

基础设施：给水排水、强弱电、照明、插座

建筑性质：临时性小屋

建筑形式：底层架空、半开敞、拱形

**设计要素提取：**

**船型屋顶** ①

设计拟仿照疍民船屋采用曲面船型屋顶形式，初步采用曲面拱顶形式。

船型屋顶

**干阑式建筑** ②

在热带湿热气候地区中常采用干阑式底层架空的形式，本设计采用底层局部架空营造底层通透空间。

干阑式建筑

**木板和草席** ③

木材有着隔热性能好、轻质的特点，设计中的墙面、屋面和铺地可以采用木材的形式。

木板和草席

① 田梦晓.清代珠江三角洲入海口沙田围垦中的疍民建筑和聚落[J].新建筑，2024，（02）：4-9.

② Sampans converted into riverside dwellings on stilts[EB/OL]. https：//hpcbristol.net/visual/jc-s143.

③ River Dwelling, Canton [Guangzhou, China]（Circa 1869）| Mutual Art[EB/OL]. https：//www.mutualart.com/Artwork/River-Dwelling--Canton--Guangzhou--China/86BE5C2C6EB145B6.

## 2. 总平面图

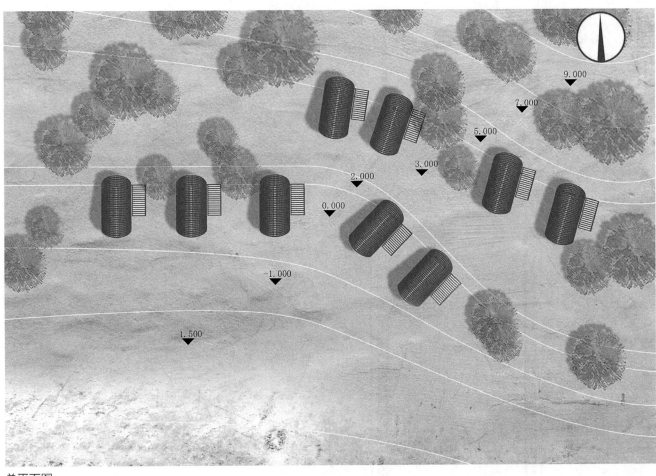

总平面图

## 3. 平面图

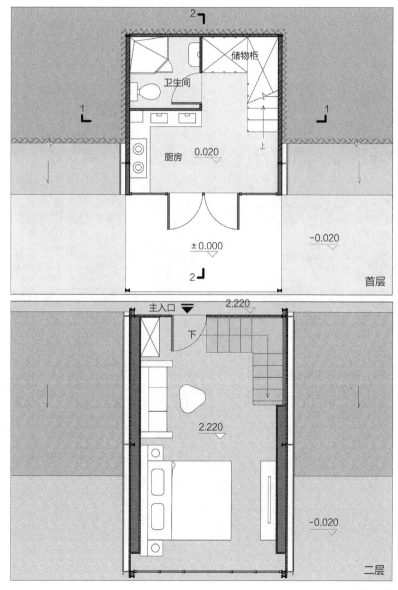

储物柜

卫生间

厨房　0.020

上

± 0.000

-0.020

首层

主入口

2.220

下

2.220

-0.020

二层

平面图

## 4. 结构层次分析图

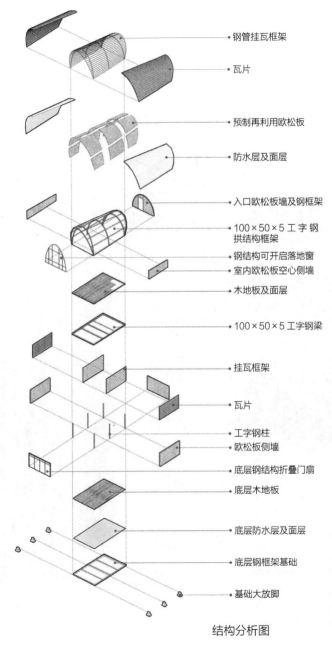

钢管挂瓦框架

瓦片

预制再利用欧松板

防水层及面层

入口欧松板墙及钢框架

100×50×5 工字钢拱结构框架

钢结构可开启落地窗

室内欧松板空心侧墙

木地板及面层

100×50×5 工字钢梁

挂瓦框架

瓦片

工字钢柱

欧松板侧墙

底层钢结构折叠门扇

底层木地板

底层防水层及面层

底层钢框架基础

基础大放脚

结构分析图

泊舟小厝的结构与构造主要分为三部分：钢结构框架、木质地面与饰面板、陶瓷挂瓦。海边小屋主要采用钢结构、木饰面板，因此构造节点主要包含钢结构节点、木饰面板与钢结构连接节点、挂瓦与钢结构连接节点，以及木板防潮防水节点等。节点设计以材料最省、连接最稳固、使用寿命最长、节能效果最好为原则。

· 海边小屋的结构与构造主要分为三部分：钢结构框架、木质地面与饰面板、陶瓷挂瓦。

· 主体框架由基础支承工字钢柱，连接上部拱结构框架。拱形工字梁之间用方钢管连接作横向固定，同时起到支承木质饰面板的作用，用于支承地板的工字梁与拱梁对齐，起到平衡拱结构水平推力作用。

· 主体框架采用钢结构而非木结构，主要因为二层有拱结构，钢比木容易弯曲塑形；作为主体结构对防腐蚀的要求更高。

· 饰面使用木材料，其中地面采用实木地板，墙面等围护面采用更环保的欧松板。欧松板分块铺设于前述拱结构框架以及立柱外层。全部拱上以及侧墙一部分的欧松板外侧铺上防水层，局部二道防水，使木板防水防潮。

· 横向工字梁上搭小截面方钢管，其上再搭防火木板与实木地板。首层与二层的地板构造基本相同。

· 从主体钢结构向外伸出钢管框架，陶瓷挂瓦挂于其上。挂瓦框架穿过欧松板以及其上的防水层，穿过处局部采用二道防水。挂瓦框架伸出距离 15~20cm，使屋面欧松板与挂瓦之间形成通风间层，有助于小屋的散热。

## 5. 轴测图

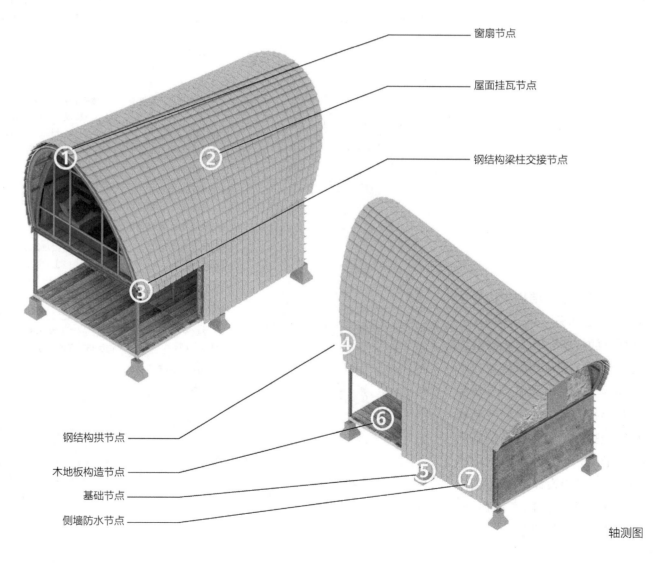

窗扇节点

屋面挂瓦节点

钢结构梁柱交接节点

钢结构拱节点

木地板构造节点

基础节点

侧墙防水节点

轴测图

## 6. 大样节点图

屋面采用了挂瓦的形式，在挂瓦面和内墙面形成空气空腔，通过空气层的流动，增强了墙体隔热作用。

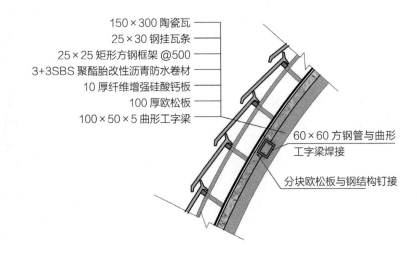

150×300 陶瓷瓦
25×30 钢挂瓦条
25×25 矩形方钢框架 @500
3+3SBS 聚酯胎改性沥青防水卷材
10 厚纤维增强硅酸钙板
100 厚欧松板
100×50×5 曲形工字梁

60×60 方钢管与曲形工字梁焊接

分块欧松板与钢结构钉接

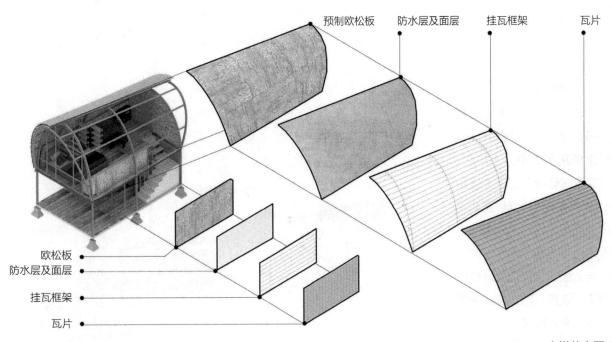

预制欧松板　防水层及面层　挂瓦框架　瓦片

欧松板
防水层及面层
挂瓦框架
瓦片

大样节点图 1

南边窗扇采用固定窗扇和开启窗扇合用的形式，在不影响最大观景面的同时保证了自然通风的需求。曲形工字梁通过焊接的方式连接窗户钢框架；同时通过钉接的方式固定内墙预制的分块欧松板。

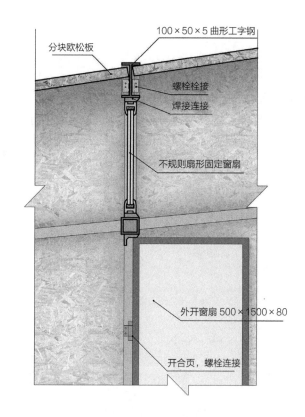

此处防水构造采用防、排结合的方式。首先欧松板外层防水材料向地面延伸，且局部采用二道以上防水；其次在陶瓷挂瓦正下方设置明沟，防水材料延伸至明沟内，利用地面的天然坡度迅速将雨水排走；最后让欧松板与地面工字梁之间通过防潮垫层连接，阻止侧边与地下湿气渗入板材。

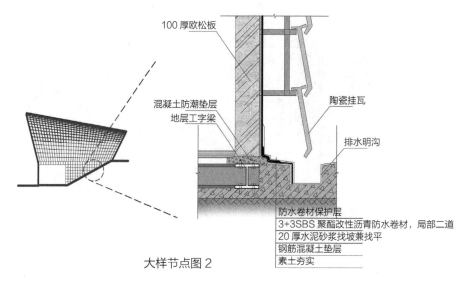

大样节点图 2

## 7. 自然通风分析

室内自然通风通过南北向门窗扇的开启形成对流通道，同时利用楼梯开口连通上下层的气流组织；在剖面上，喇叭口的形式有利于兜风，将气流导入室内，北面的小门洞开口让室内气流流速增大，增强通风效果。

在细部构造上，围护结构采用中空空气层，通过气流对流和热传导带走室内的热量，在岭南的亚热带气候中形成良好的隔热作用，节省能源消耗。

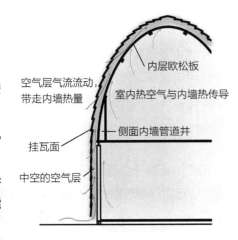

内层欧松板

空气层气流流动，
带走内墙热量

室内热空气与内墙热传导

挂瓦面

侧面内墙管道井

中空的空气层

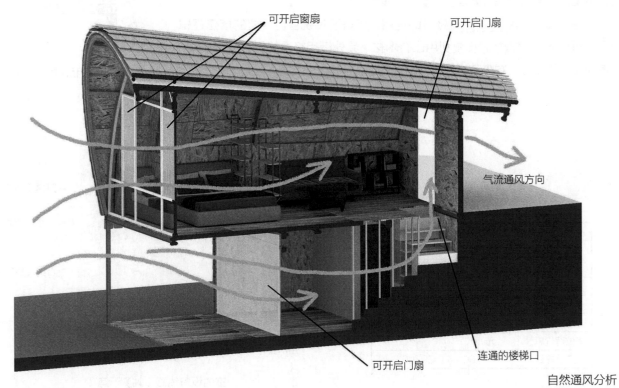

可开启窗扇

可开启门扇

气流通风方向

可开启门扇

连通的楼梯口

自然通风分析

## 8. 侧墙、管线及经济性分析

室内主要设置用电管线和用水管线。在上层通过弧形墙面的空隙作为管道井安装用电管线，同时采用间接照明的灯具，投射灯光到室内屋顶，增加室内氛围效果。在下层的管线采用贴墙明装，主要供卫生间洗浴和厨房必要的水电使用。

泊舟小厝基于快速装配化技术和可持续理念，提出对建造速度和建造成本的要求。运用钢木结构的装配提高建造效率，利用可持续的材料，贯彻 3R 理念（Reduce，Recycle，Reuse），降低小屋的建造成本。同时将房屋形体融入环境，将室内水电系统独立处理，体现对环境的友好。

小屋的独特之处在于其对材料的运用，借鉴了传统疍民船屋的搭建逻辑，利用了可回收的欧松板，重复利用已有木材。另外运用轻盈的钢结构减少建筑与地面实质的接触，减少不必要的材料损耗。

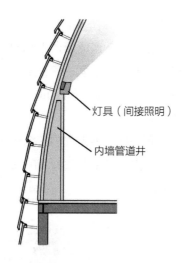

管道井与照明系统的处理（剖面）

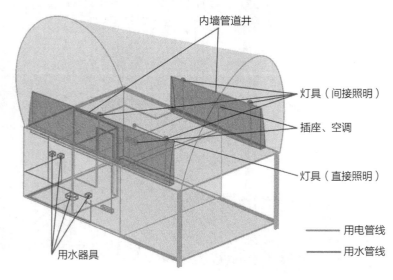

室内设备线路（轴测示意）

### 泊舟小厝建设造价表

| 项目名称 | 单位 | 金额 |
|---|---|---|
| 人工费 | 元 /m² | 200 |
| 钢材 | 元 /m² | 600 |
| 商品混凝土 | 元 /m² | 300 |
| 木板板材 | 元 /m² | 200 |
| 其他配件 | 元 /m² | 400 |
| 单位造价总计 | 元 /m² | 1700 |
| 造价总计 | 1700×41=69700 | |

# 海边小屋

段书轩　钟　婧　张　羽　冯　虹

小屋选址于汕尾海边，与海面成角度布置，使得观景视野最大化，平面布局上动静分区，满足生活需求。

结合海边风向和当地气候环境，通过交错的坡屋顶优化采光和通风条件，利用前廊和百叶实现遮阳，通过架空平台和通风屋面实现防潮并带走室内热量。选材上使用防腐木材、镀锌屋面等材料防止海风腐蚀，通过简单形体实现经济性、功能性与舒适性的平衡。

主要建材：松木、钢材、混凝土、Low-E 玻璃。

方案效果

# 1. 总平面及平面图纸

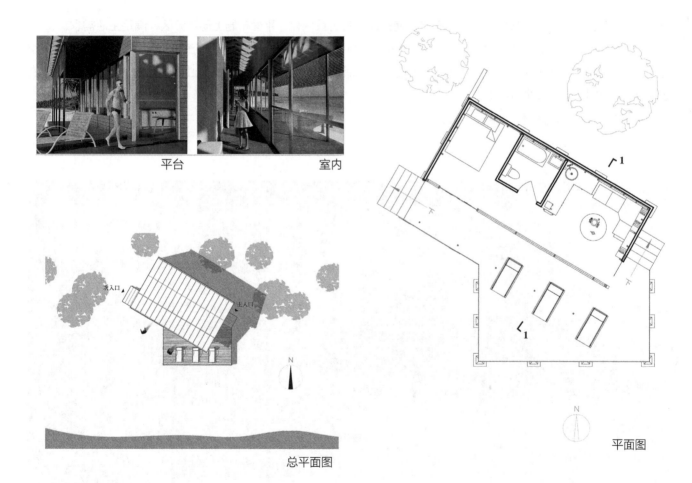

平台　　　　　　室内

总平面图

平面图

## 2.立面图

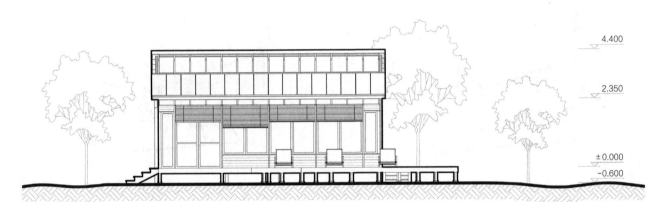

4.400

2.350

±0.000
-0.600

西南立面图

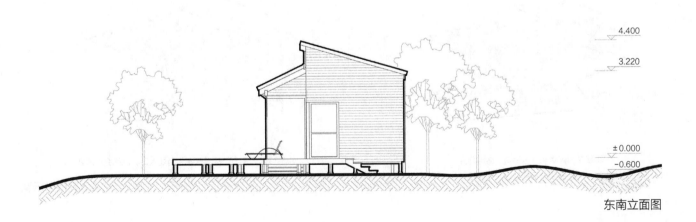

4.400

3.220

±0.000
-0.600

东南立面图

## 3. 多场景使用

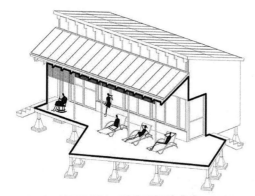

遮阳百叶收起，走廊及屋内享受充分的
日照，小屋外平台的使用较为自由宽敞

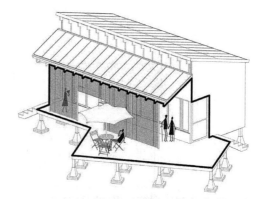

遮阳百叶展开，满足屋内及走廊的遮阳
需要，小屋外平台被分隔为不同区域

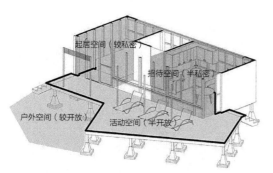

小屋室内外功能分区明确，满足游客
基本的起居要求及临时性观光需要

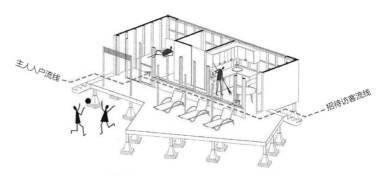

小屋设有"主人"及"待客"两处入口，流线合理清晰

多场景使用示意

## 4.剖透视图

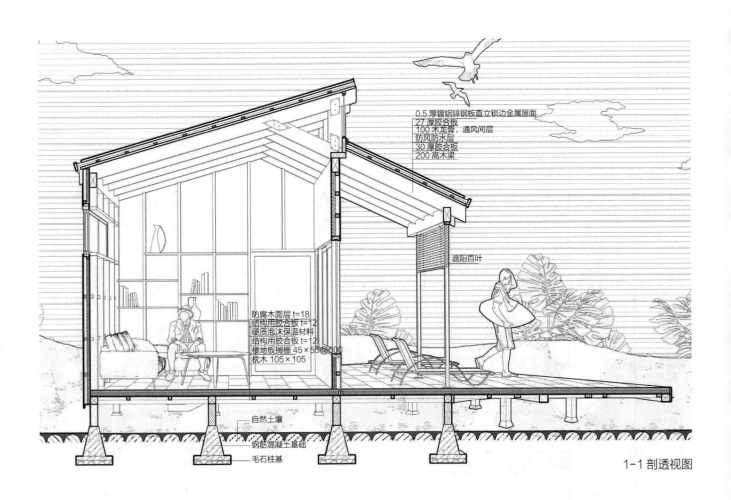

0.5 厚镀铝锌钢板直立锁边金属屋面
27 厚胶合板
100 木龙骨，通风间层
防风防水层
30 厚胶合板
200 高木梁

遮阳百叶

防腐木面层 t=18
结构用胶合板 t=12
硬质泡沫保温材料
结构用胶合板 t=12
楼地板搁栅 45×55@600
枕木 105×105

自然土壤

钢筋混凝土基础

毛石柱基

1-1 剖透视图

# 5. 建造体系及建材使用

## 建材选用分析

| 使用材料 | 图示 | 优点 |
|---|---|---|
| 镀铝锌钢板 | 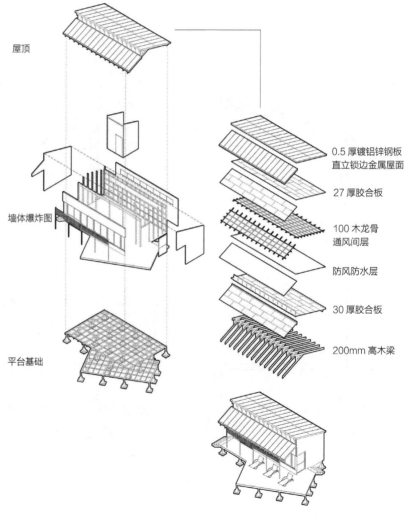 | 表面呈特有的光滑、平坦和华丽的星花，基色为银白色。特殊的镀层结构使其具有优良的耐腐蚀性。镀铝锌钢板正常使用寿命可达25年耐热性很好，可用于315℃的高温环境；镀层与接膜的附着力好，具有良好的加工性能，可以进行冲压、剪切、焊接等；表面导电性能好 |
| 胶合板 | | 胶合板既有天然木材的优点，如强度高、纹理自然美观等，又可弥补天然木材自然产生的一些缺陷如节子、幅面小、变形纵横强力差异性大等缺点。胶合板的纹理清晰，抗弯曲性能出色不容易出现变形的情况，运输与施工都比较方便；直角的结构强度会更优异，不易开裂也不易弯曲；胶合板有很强的耐候性，具有较长的使用寿命 |
| 防腐木 | | 自然、环保、安全（木材成原木色，略呈青绿色）、防腐、防霉、防蛀、防白蚁侵袭 |
| 挤塑式聚苯乙烯隔热保温板 | | 保温隔热、高强度抗压、憎水、防潮、质地轻、使用方便、稳定性、防腐性好，环保 |
| 防水卷材 | | 高强度防水隔热，粘结性能强、延伸率强、抗变形、耐候性强，寿命久 |
| 硬质泡沫保温材料 | | 具有保温、防水、隔声、装饰等多种功能；优良的热绝缘性、优良的防水和防渗性能。超强的自粘性能，对屋顶和外墙的附着力比较强，良好的抗风性以及抗负风压性能；可有效防止防水层开裂。施工速度较快，工期短 |
| Low-E 玻璃 | | 与普通玻璃及传统的建筑用镀膜玻璃相比，具有优异的隔热效果和良好的透光性 |

屋顶

墙体爆炸图

平台基础

0.5 厚镀铝锌钢板
直立锁边金属屋面

27 厚胶合板

100 木龙骨
通风间层

防风防水层

30 厚胶合板

200mm 高木梁

各部分建材使用

# 6.节点大样

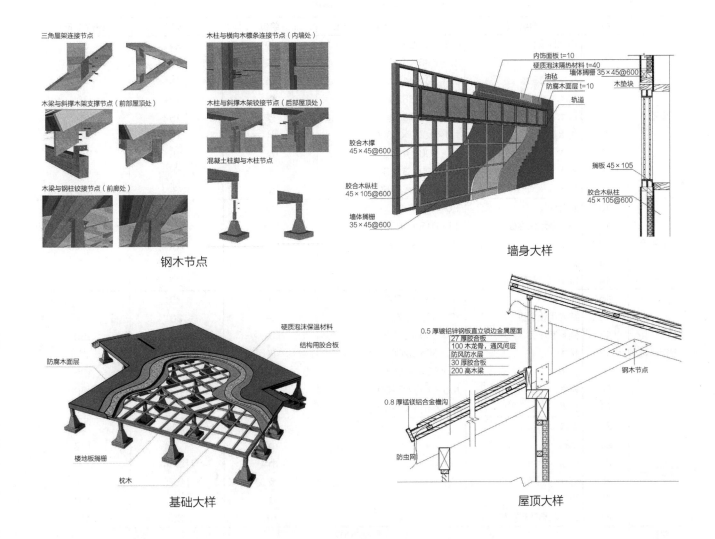

三角屋架连接节点

木柱与横向木檩条连接节点（内墙处）

木梁与斜撑木架支撑节点（前部屋顶处）

木柱与斜撑木架铰接节点（后部屋顶处）

混凝土柱脚与木柱节点

木梁与钢柱铰接节点（前廊处）

**钢木节点**

内饰面板 t=10
硬质泡沫隔热材料 t=40
墙体捆栅 35×45@600
油毡
防腐木面层 t=10
轨道
木垫块

胶合木撑
45×45@600

胶合木纵柱
45×105@600

墙体捆栅
35×45@600

搁板 45×105

胶合木纵柱
45×105@600

**墙身大样**

硬质泡沫保温材料

结构用胶合板

防腐木面层

楼地板搁栅

枕木

**基础大样**

0.5 厚镀铝锌钢板直立锁边金属屋面
27 厚胶合板
100 木龙骨，通风间层
防风防水层
30 厚胶合板
200 高木梁

钢木节点

0.8 厚锰镁铝合金檐沟

防虫网

**屋顶大样**

# 7. 经济技术分析

各部分使用材料情况

|  | 序号 | 材料名称 | 尺寸（mm×mm×mm） | 单位 | 数量 | 单价（元） |
|---|---|---|---|---|---|---|
| 屋顶 | 1 | 镀铝锌钢板 | 0.5×1000×2000 | 块 | 24 | 65 |
|  | 2 | 胶合板 | 27×680×1470 | 块 | 108 | 15 |
|  | 3 | 松木/樟子松 | 30×50×4170 | 条 | 15 | 40 |
|  | 4 | 松木 | 30×50×8820 | 条 | 13 | 85 |
|  | 5 | 松木 | 30×50×2000 | 条 | 15 | 20 |
|  | 6 | 防水卷材 | 1.5×1000×5000 | 片 | 10 | 40 |
|  | 7 | 松木 | 45×200×4170 | 条 | 15 | 240 |
|  | 8 | 松木 | 45×200×3160 | 条 | 15 | 180 |
|  | 9 | 松木 | 105×200×8450 | 条 | 3 | 1080 |
| 外墙围合 | 10 | 胶合板 | 1.0×915×1000 | 块 | 54 | 60 |
|  | 11 | 挤塑聚苯保温板 | 20×915×1000 | 块 | 54 | 13 |
|  | 12 | 松木 | 45×105×3800 | 条 | 8 | 100 |
|  | 13 | 松木 | 45×105×3500 | 条 | 40 | 95 |
|  | 14 | Low-E 玻璃 | | m² | 22 | 44 |
| 地板基础 | 15 | 防腐木 | 18×850×2700 | 块 | 30 | 35 |
|  | 16 | 结构用胶合板 | 12×850×2700 | 块 | 30 | 40 |
|  | 17 | 硬质泡沫保温材料 | 50×850×2700 | 块 | 30 | 150 |
|  | 18 | 松木 | 45×55×5200 | 条 | 8 | 70 |
|  | 19 | 松木 | 45×55×8200 | 条 | 5 | 125 |
|  | 20 | 松木 | 105×105×5200 | 条 | 7 | 280 |
|  | 21 | 松木 | 105×105×8200 | 条 | 4 | 560 |
| 其他用料 | 22 | 混凝土 | | m³ | 1.653 | 130 |
|  | 23 | 毛石 | | m³ | 1 | 102 |
|  | 24 | 门窗 | | m² | 18.34 | 500 |
|  | 25 | 钢柱 | | 支 | 5 | 80 |
|  | 26 | 防水涂料 | | 桶 | 25 | 270 |
|  | 27 | 聚氯乙烯塑料管材 | | m | 20 | 10 |
| 总计 | | | 53607 | | | |

# 任务书：三年级建筑设计课课程设计的建筑构造深化

## 1. 作业内容

选择三年级建筑设计课其中一个设计进行建筑围护构造的深化设计，结合本学期上课讲述内容提倡从设计到构造做法进行系统性思考和整合，同时对相关规范进行细致地学习和梳理，并体现和运用到最终成果中。

## 2. 成果要求

（1）3 人一组，强调小组合作学习的方式。

（2）针对所选设计作业深化的构造节点完成以下内容绘制：

①设计方案简要平面图、立面图、剖面图（与大样相关的立面、剖切位置），比例自定。

②节点构造大样图，每人不少于 1 个，小组总共不少于 3 个。比例按表达需要自定（1：20、1：10、1：5），参考施工图设计深度图纸表达要求，严格按照材料、规格、尺寸、比例等规范要求绘制并标注。

③对所设计的节点构造进行三维建模，形成线稿或渲染等表现图，鼓励采用实体模型表达。

④包含构造设计说明、性能分析、用料分析等，内容自定。

（3）阶段成果：在多组中选择若干组于课堂汇报。

## · 优秀作业案例 ·

## 2020 级本科生

### 绿谷社区
梁学天　杨博涵　郭骐瑞

### 城市社彩
史罗燕　宋佳训　刘鸿霖　李睿婧

### 城市绿芯 活力引擎
朱健威　刘浩域　梁惠珠

扫码免费
获取资源

# 绿谷社区

梁学天　杨博涵　郭骐瑞

　　"建筑学是为人类建立生活环境的综合艺术和科学"，于是追求建筑与景观的融合、自然与人的和谐共生就成为人居环境的最高境界。"绿谷社区"是对高层建筑与自然融合的思考，试图寻找对自然的尊重以及对自然材料和舒适感受的追求。那么，如何通过构造的设计和材料的选用，让建筑与人重新回归自然呢？

方案效果

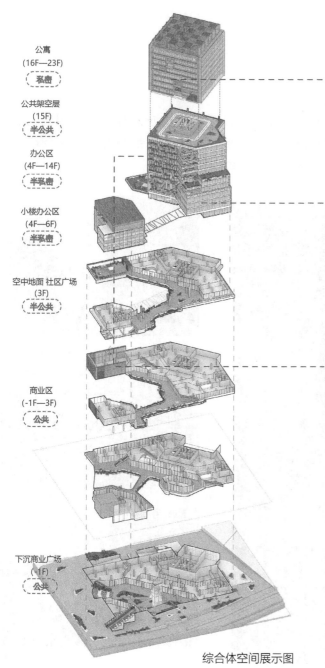

公寓
(16F—23F)
( 私密 )

公共架空层
(15F)
( 半公共 )

办公区
(4F—14F)
( 半私密 )

小楼办公区
(4F—6F)
( 半私密 )

空中地面 社区广场
(3F)
( 半公共 )

商业区
(-1F—3F)
( 公共 )

下沉商业广场
(-1F)
( 公共 )

综合体空间展示图

**立面幕墙构造深化**

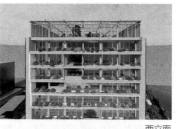

西立面

南立面

北立面

1. 东北面幕墙主要通过双层玻璃进行遮阳通风，其中间的空气层可以起到保温隔热的作用，减少建筑能耗，相比单层玻璃会有更高的热舒适度。

2. 南面幕墙不同于整体式幕墙，其强调了横向楼层的连续性，在材料上运用了新型可持续的 Low-E 玻璃，为建筑赋予具有生态节能功能的表皮，结合模数化设计的基础上优化了形态与性能。

3. 西立面改变了落地幕墙的形式，将原有窗户后退，改变了窗户的开合形式，增加了挑檐深度，保证各公寓区域有充足的采光和通风并适当控制太阳辐射。

## 1. 南立面幕墙构造深化

　　南立面幕墙体系：从立面美学出发，南面幕墙需要与上部整体式幕墙有所区分，因此设计上强调横向楼层关系，明确竖直方向上层与层之间的间隔。外墙材料选择采用了双层 Low-E 玻璃和阳极氧化铝板，两者共同组成了幕墙系统。

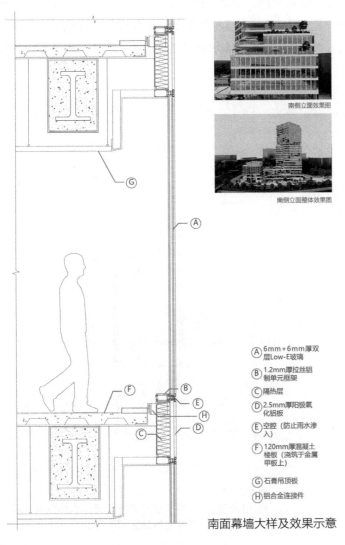

南侧立面效果图

南侧立面整体效果图

Ⓐ 6mm+6mm厚双层Low-E玻璃

Ⓑ 1.2mm厚拉丝铝制单元框架

Ⓒ 隔热层

Ⓓ 2.5mm厚阳极氧化铝板

Ⓔ 空腔（防止雨水渗入）

Ⓕ 120mm厚混凝土楼板（浇筑于金属甲板上）

Ⓖ 石膏吊顶板

Ⓗ 铝合金连接件

南面幕墙大样及效果示意

## 2. 东南立面幕墙构造深化

东南立面幕墙采用双层幕墙体系：内幕墙由标准杆系统、挤压铝制竖框、中空玻璃和隔热拱肩板组成。外墙是个预制单元系统，具有挤压铝框架、结构釉面单层玻璃，没有拱肩。两堵墙由约 1000mm 的空气空间隔开，外墙由每个竖框处的钢支腿支撑。中空空间包含可调节百叶窗、维护通道和用于玻璃清洁的轨道式可移动平台。与传统的单层玻璃幕墙相比，双层玻璃幕墙为公寓居民提供了广阔的视野和更高水平的热舒适度，改善了与街道的隔声效果，并降低了能源消耗。

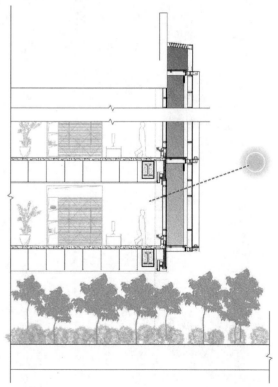 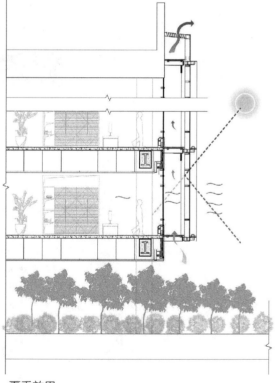

冬季效果
空气空间保持密封并被太阳加热，在不同的外部和内部空气温度之间形成缓冲。

夏季效果
利用烟囱效应对空气空间进行通风；当热空气从墙顶部逸出时，新鲜空气从底部吸入。

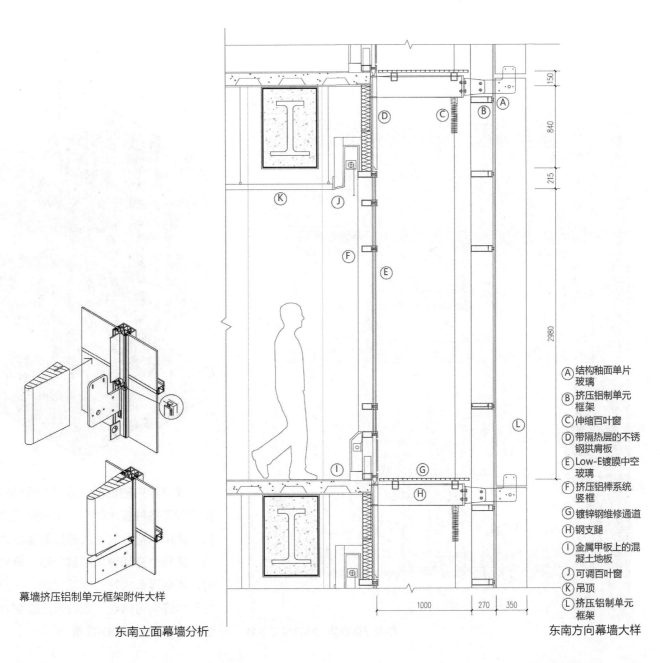

幕墙挤压铝制单元框架附件大样

东南立面幕墙分析

Ⓐ 结构釉面单片玻璃

Ⓑ 挤压铝制单元框架

Ⓒ 伸缩百叶窗

Ⓓ 带隔热层的不锈钢拱肩板

Ⓔ Low-E镀膜中空玻璃

Ⓕ 挤压铝棒系统竖框

Ⓖ 镀锌钢维修通道

Ⓗ 钢支腿

Ⓘ 金属甲板上的混凝土地板

Ⓙ 可调百叶窗

Ⓚ 吊顶

Ⓛ 挤压铝制单元框架

东南方向幕墙大样

## 3. 西立面幕墙构造深化

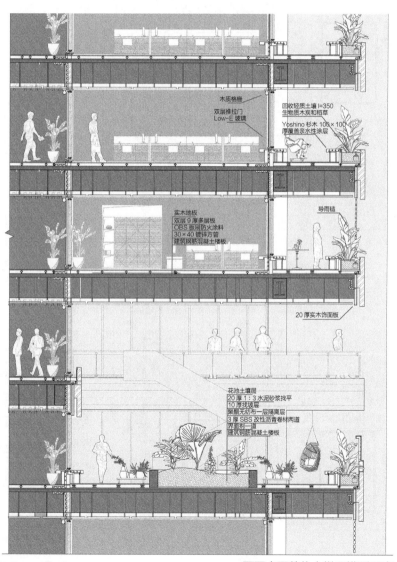

木质格栅
双层推拉门
Low-E 玻璃

回收轻质土墙 I=350
生物质木炭和稻草
Yoshino 杉木 100×100
厚覆盖亲水性涂层

实木地板
双层9厚多层板
OBS 板刷防火涂料
30×40 镀锌方管
建筑钢筋混凝土楼板

导雨链

20 厚实木饰面板

花池土壤层
20 厚 1:3 水泥砂浆找平
10 厚找坡层
聚酯无纺布一层隔离层
3 厚 SBS 改性沥青卷材两道
界面剂一道
建筑钢筋混凝土楼板

西面立面整体大样及模型示意

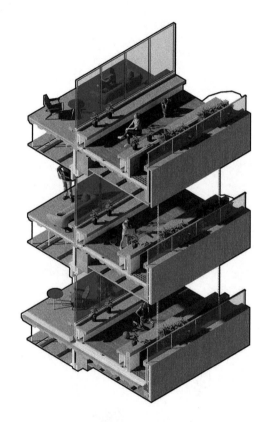

建筑物内的地板、墙壁、顶棚和家具使用了各种实木材料。木材是天然材料，使用木材可以让人感觉更加舒适自然，使整个空间更加温馨舒适。研究表明，木材具有较好的保温性能。在阳台使用木饰面可以在一定程度上提高其保温性能，减少能源的浪费。

木材的天然纹理和色彩可以为室内空间增添自然美感，使人感到舒适和放松。此外，木材具有良好的隔声效果和保温性能，可以减少噪声干扰，提高居住舒适度。与其他材料相比木材还具有更好的环保性能。

同时，经过一定处理的木材具有良好的耐候性能和抗腐蚀性能，可以在室外环境下长期使用。因此在阳台使用木材可以创造一个自然舒适的空间，有助于人们享受户外生活，放松身心。

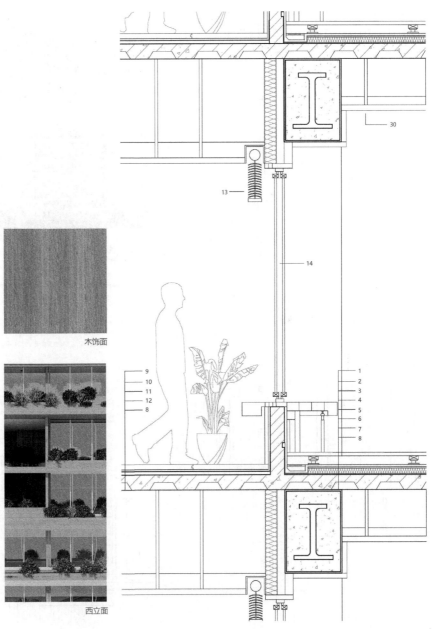

木饰面

西立面

西面立面幕墙大样 1

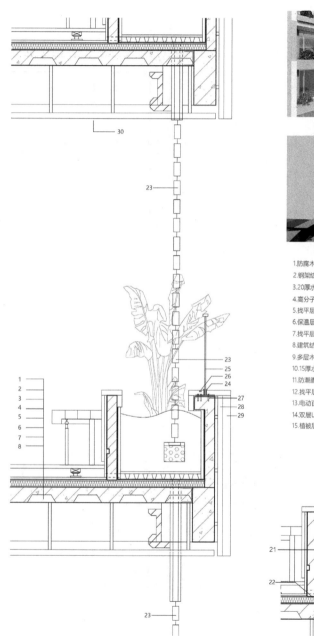

立面效果图

阳台效果图

1.防腐木地板
2.钢架结构（防水处理）
3.20厚水泥砂浆结合层
4.高分子卷材防水层
5.找平层，随手抛光
6.保温层
7.找平层
8.建筑结构层（楼承板）
9.多层木板（防火涂料）
10.15厚水泥砂浆
11.防潮膜
12.找平层
13.电动百叶窗
14.双层Low-E玻璃
15.植被层

16.种植土300~500厚
17.土工布过滤层
18.20高凹凸型排水板
19.20厚1：3水泥砂浆保护层
20.耐穿刺防水层
21.挡土板
22.排水管
23.导雨链
24.金属饰面
25.玻璃栏杆
26.暗藏灯带
27.膨胀螺栓
28.轻钢龙骨
29.阻燃板
30.木饰面

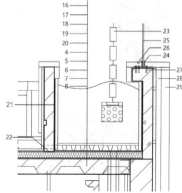

西面立面幕墙大样 2

# 城市社彩

史罗燕　宋佳训　刘鸿霖　李睿婧

　　基于场地现有资源条件，将高层公共部分定位为服务周边邻里社区的复合商业模式，向西北遥望广州塔，打造"城市之眼"，呼应琶洲新区形象；向南则充分利用黄埔涌景观资源，打造临水亲切、多元、一站式综合商业中心。多元特色空间介绍：高层无柱中庭特色空间，桁架廊道交流空间，城市之眼。

方案效果

## 1. 幕墙技术选择与效果分析

　　上部幕墙：为体现建筑体量的轻盈感，采用双层玻璃幕墙，外层玻璃幕墙营造轻盈的体量感，同时发挥双层玻璃幕墙遮阳与通风采光的优势。

　　中部幕墙：为体现较重的体量感，采用横隐竖明单元式玻璃幕墙。同时利用明框做倾斜 3° 的玻璃幕墙和缝隙式通风器。

　　下部幕墙：为体现最重的体量感，用石材做外立面。

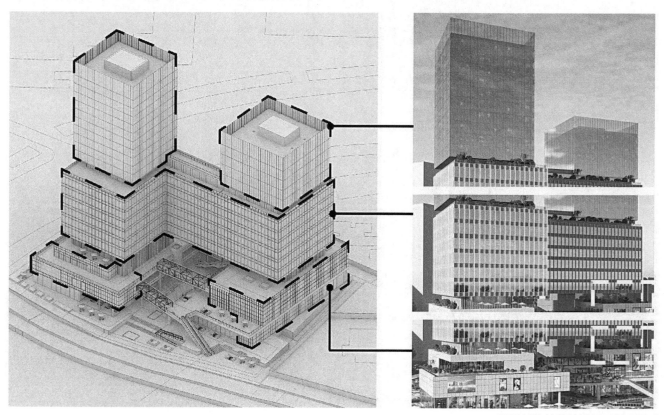

不同部位的幕墙选择及效果示意

## 2.幕墙分析对象剖面环境展示

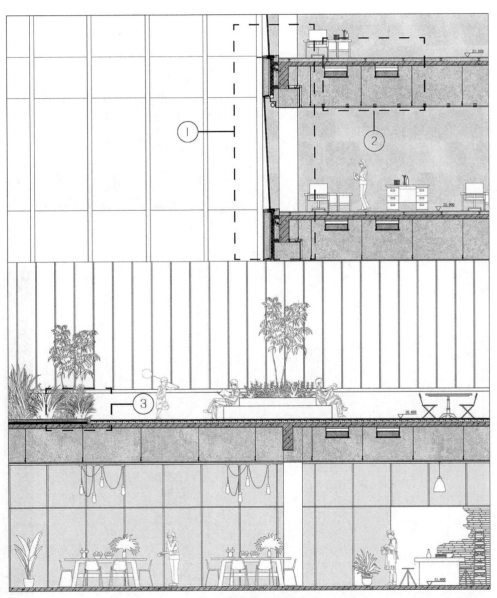

分析对象剖面环境展示

## 3. 中部幕墙剖面图

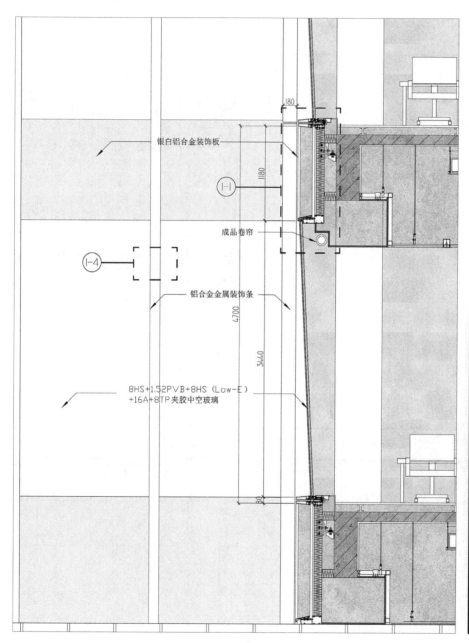

银白铝合金装饰板

1-1

1180

成品卷帘

1-4

铝合金金属装饰条

4700

3440

8HS+1.52PVB+8HS（Low-E）
+16A+8TP夹胶中空玻璃

180

80

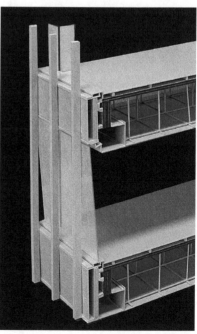

中部幕墙剖面图及模型

## 4. 中部幕墙性能分析

（1）采用创新性的倾斜幕墙（倾斜 3°），通过改变太阳光入射角的方法消除玻璃幕墙反射光的眩光污染。

（2）360° 的全景视野，增加自然采光，减少人工采光，以减少产生的热量和能源负荷。

（3）采用了热断桥铝幕墙和夹层 Low-E 钢化玻璃，减少夏季的太阳辐射、冬季的热传导效应，从而减少能耗。此外，这种设计还能提高隔声效果。

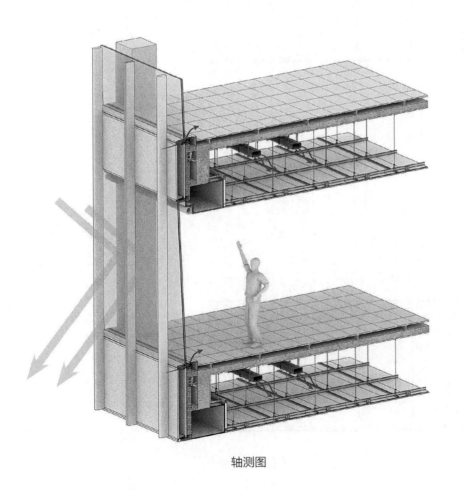

轴测图

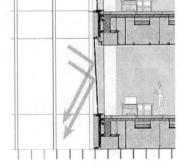

通风分析

遮阳分析

## 5. 上部幕墙剖面图

上部幕墙剖面图

## 6. 上部幕墙性能分析

  送风系统：变风量空调系统（VAV）在每个机电层配有 6 组空气处理机组，通过垂直通风井为楼层提供服务。在最大化办公室舒适度的同时，降低能源消耗。

  双层通风系统：利用高层建筑室内外热压差以及风压差进行通风。与开窗通风相比，采用通风器可以显著减小人体的吹风感，提升室内热舒适水平。

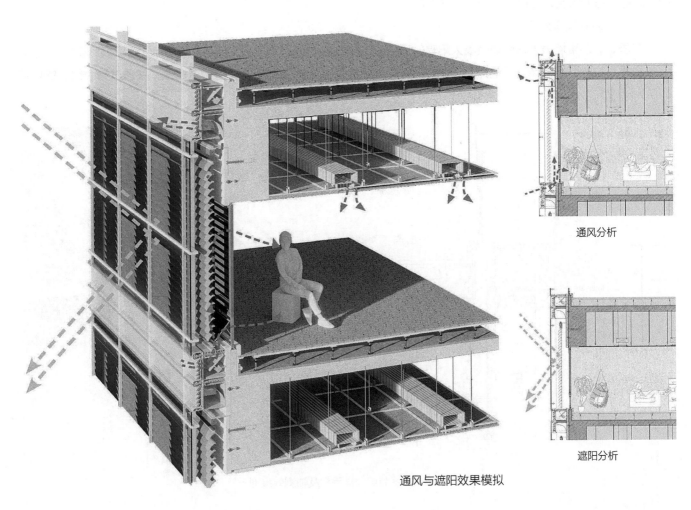

通风分析

遮阳分析

通风与遮阳效果模拟

## 7. 上部幕墙细部节点分析

（1）单层通风系统：一般双层通风幕墙为隔层通风，每层楼板处仅有一处通风口，且为单向。此幕墙为避免隔层通风交叉感染等隐患，将每层通风系统隔离，形成单独循环，有效增加室内空气循环质量，避免室内浑浊的排出空气再次进入室内。

（2）窗扇设计：采用上部推拉窗下部悬窗的设计形式，使得室内可以通过悬窗实现随时的通风换气。

（3）遮阳百叶板设计：玻璃与内部绝缘玻璃层之间隔开了一个空腔，其中包含可伸缩的铝制遮阳百叶板，以减少太阳能热量的吸收并将日光重新引导进入建筑。

（4）冬夏双操作系统：

冬季，玻璃幕墙最大限度地吸收太阳辐射热，通过调节进出风口的大小，可以控制适当的新风换气量。

夏季，位于两层玻璃空间的遮阳设施被放下来，绝大部分太阳辐射能量在这里被挡住，并通过精心组织的自然通风排到建筑之外。

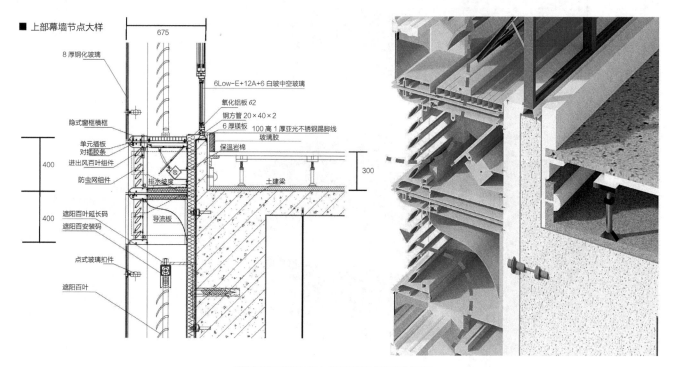

幕墙通风器节点大样示意及轴测效果图

# 城市绿芯 活力引擎

朱健威　刘浩域　梁惠珠

　　本高层建筑位于新港中路琶洲创新港，是海珠区的科教创新中心，且西眺广州塔，南接黄埔涌，拥有良好的景观格局。设计以城市绿芯、活力引擎为理念，打通城市绿廊，将优越的景观发挥出最大的价值。通过设置城市绿芯（中庭）、下沉广场、开放街巷等空间，打通与黄埔涌连接的城市绿廊，让裙房及周边绿化更好地连接城市。

方案效果

# 1. 设计概况

高层建筑设计

城市绿芯

沿街广场

活力引擎

社区公园

## 2. 可调节遮阳百叶构造分析

跃层办公区的可调节遮阳百
叶，可按照人们需求和光照实现
开合：

①闭合时能起到隔热、遮阳
的作用。

②打开时，人们能看到城市
景观，成为一个景观窗。

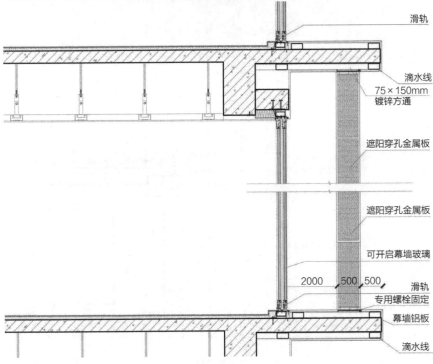

可调节遮阳百叶效果及构造

## 3.穿孔板通风幕墙构造分析

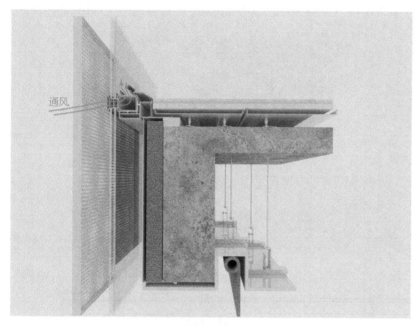

通风

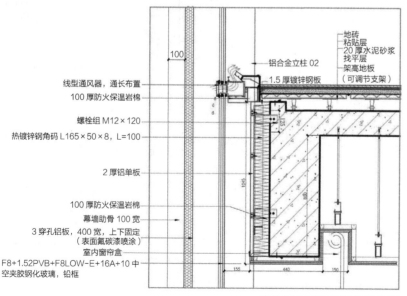

100

线型通风器，通长布置
100 厚防火保温岩棉

螺栓组 M12×120
热镀锌钢角码 L165×50×8, L=100

2 厚铝单板

100 厚防火保温岩棉
幕墙助骨 100 宽
3 穿孔铝板，400 宽，上下固定
（表面氟碳漆喷涂）
室内窗帘盒
F8+1.52PVB+F8LOW-E+16A+10 中
空夹胶钢化玻璃，铝框

铝合金立柱 02

1.5 厚镀锌钢板

地砖
粘贴层
20 厚水泥砂浆
找平层
架高地板
（可调节支架）

155    440    150

穿孔板通风幕墙效果及构造

办公塔楼外立面竖向穿孔板和肋条：

①遮阳，西侧布置比其他面更密集。

②穿孔板背后设置通风器或开小窗，保持立面完整，同时确保通风。

③穿孔板加粗了竖向线条，进一步与公寓横向形成对比。

## 4. 立体绿化花池构造分析

公寓外立面挑出的花池和薄板有如下作用：

①遮阳，节省空调能耗。尤其是对于西侧房间。

②房间内与外界环境之间存在气候缓冲空间，降低热量的直接影响。

③加强了公寓外立面横向线条，突出与办公塔楼竖向的对比。

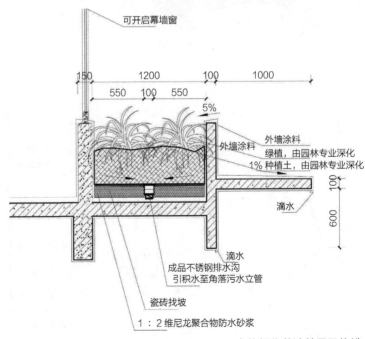

立体绿化花池效果及构造

## 5. 螺旋楼梯构造分析

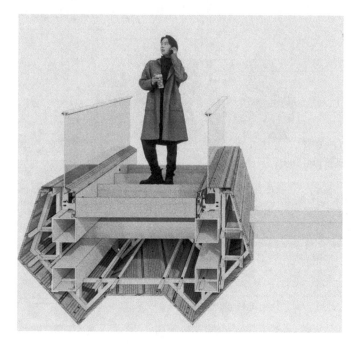

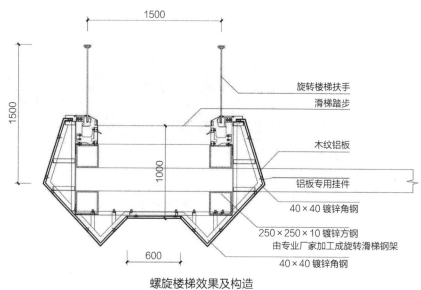

旋转楼梯扶手

滑梯踏步

木纹铝板

铝板专用挂件

40×40 镀锌角钢

250×250×10 镀锌方钢
由专业厂家加工成旋转滑梯钢架

40×40 镀锌角钢

1500

1500

1000

600

螺旋楼梯效果及构造

商业主入口的螺旋楼梯：通过空腔实现"加厚"螺旋楼梯，突出主入口的重要。